# 灭绝生物图鉴

赵 烨 〔日〕森乃乙…著

王宇佳…译

南海出版公司

2021·海口

图书在版编目（CIP）数据

灭绝生物图鉴 / 赵烨,(日) 森乃乙著；王宇佳译
. —— 海口：南海出版公司, 2021.2（2024.5重印）
ISBN 978-7-5442-8673-2

Ⅰ.①灭… Ⅱ.①赵…②森…③王… Ⅲ.①古生物
—世界—图集 Ⅳ.①Q91-64

中国版本图书馆CIP数据核字(2020)第161627号

著作权合同登记号　图字：30-2020-026
TITLE：［絶滅生物図誌］
BY：［チョー ヒカル］

本书由日本雷鸟社授权北京书中缘图书有限公司出品并由南海出版公司在中国
范围内独家出版本书中文简体字版本。

MIEJUE SHENGWU TUJIAN
灭绝生物图鉴

策划制作：北京书锦缘咨询有限公司
总 策 划：陈　庆
策　　划：宁月玲

作　　者：赵　烨　〔日〕森乃乙
译　　者：王宇佳
责任编辑：张　媛
排版设计：柯秀翠
出版发行：南海出版公司 电话：（0898）66568511（出版）　（0898）65350227（发行）
社　　址：海南省海口市海秀中路51号星华大厦五楼　邮编：570206
电子信箱：nhpublishing@163.com
经　　销：新华书店
印　　刷：昌昊伟业（天津）文化传媒有限公司
开　　本：710毫米×1000毫米　1/16
印　　张：11
字　　数：140千
版　　次：2021年2月第1版　　2024年5月第4次印刷
书　　号：ISBN 978-7-5442-8673-2
定　　价：68.00元

# 前言

会被灭绝生物治愈的，应该只有人类吧。我就被这些美丽而奇妙的灭绝生物吸引了。

我曾经去往博物馆购买化石的复制品，然后用手指轻抚每一处细节，并为此感伤良久。有些灭绝生物的特征非常有趣，有些则像童话故事一样梦幻，但无论哪种，都让人越看越着迷。我们再也无法亲眼看到这些生物，但它们却又真实存在过。在属于这些生物的时代，它们一定非常强壮、聪明、美丽吧，然而现在它们却灭绝了。

起初我只是想画出它们美丽的模样，让它们在画中复活。但当后来了解到，很多生物的灭绝都与人类有关，而且近代一直没有新物种诞生时，我就萌生了将这些生物的灭绝原因也传达给读者的想法。因为这些生物不仅有美丽的形象，它们背后还有各种各样的故事。虽然与灭绝生物相关的书籍很多，但我希望本书能让大家产生"啊，真想亲眼看看这些生物，真想跟它们见上一面"的想法，并且能手不释卷。于是，我每天查阅资料，努力让脑海中的形象贴近每一个真实的生物，然后将它们画下来。从开始动笔至今已经两年，在很多人的帮助下，这本书终于出版了。

这个世界上还有很多美丽、奇妙、特别的生物，它们丝毫不逊色于本书中的灭绝生物。希望大家在想象书中灭绝生物的同时，也不忘关注现存的生物。来，请找个安静的地方，再准备一杯暖心的热饮，然后跟随我一起去拜访这些神奇的灭绝生物吧。

赵　烨

# CONTENTS
# 目 录

## 第 2 章　有翼生物 WINGED ANIMALS

## 第3章　陆生生物 LAND ANIMALS

# 附录 COLUMNS

# 灭绝与进化的历史

| 古生代 | | | | | |
|---|---|---|---|---|---|
| 寒武纪 | 奥陶纪 | 志留纪 | 泥盆纪 | 石炭纪 | 二叠纪 |
| | | | | | |
| 5亿4200万年前 | 4亿8830万年前 | 4亿4370万年前 | 4亿1600万年前 | 3亿5920万年前 | 2亿9900万年前 |
| 无脊椎动物的时代 | | 鱼类的时代 | | 两栖类的时代 | |

· 寒武纪生命大爆发

· 海洋生物多样化

· 最古老的陆上植物出现

· 鱼类的繁荣

· 两栖类出现

· 爬行类、单孔类出现

· 昆虫的繁荣

· 盘古大陆形成

· 三叶虫灭绝

奥陶纪末的大灭绝

泥盆纪末的大灭绝

二叠纪末的大灭绝

地球是大约46亿年前诞生的。生命的诞生则是在40亿年前。

到了5亿年前的古生代寒武纪，生物开始了爆发式的进化。

经历了5次大灭绝，很多生物诞生又消失于世，那些幸存的生物则继续繁衍、进化。

| 中生代 | | | 新生代 | | | | | | |
|---|---|---|---|---|---|---|---|---|---|
| 三叠纪 | 侏罗纪 | 白垩纪 | 古近纪 | | | 新近纪 | | 第四纪 | |
| | | | 古新世 | 始新世 | 渐新世 | 中新世 | 上新世 | 更新世 | 全新世 |
| 2亿5100万年前 | 1亿9960万年前 | 1亿4500万年前 | 6550万年前 | 5500万年前 | 3400万年前 | 2300万年前 | 500万年前 | 258万年前 | 1万年前 |
| 爬行类的时代 | | | 哺乳类的时代 | | | | | | |

· 哺乳类出现

· 爬行类的繁荣

· 始祖鸟出现

· 恐龙、鹦鹉螺的繁荣

· 盘古大陆的分裂

· 恐龙、鹦鹉螺灭绝

· 鸟类、大型哺乳类的繁荣

· 南方古猿出现

· 末次冰期结束

· 人类的时代到来

三叠纪末的大灭绝　　白垩纪末的大灭绝

11

※ 本书中的"分布"是指化石的发现地。

第 1 章

AQUATIC ANIMALS

水生生物

# 加拿大奇虾

英文名：Anomalocaris　学名：*Anomalocaris canadensis*

分类：不明　生存时间：寒武纪（5 亿 2500 万年前～ 5 亿 500 万年前）

分布：加拿大、中国　全长：60 ～ 100cm

地图

# 寒武纪的绝对王者

大约 5 亿 4200 万年前，古生代的寒武纪，海洋中的生物突然开始多样化，并完成了爆发式的进化。节肢动物、软体动物、脊索动物等相继出现，与现代生物相关的族群已初见端倪。这个现象被称为"寒武纪生命大爆发"，是生命史上最重要的事件。这一时期的海洋中充斥着各式各样奇形怪状的生物，即所谓的"寒武纪怪兽"，一个弱肉强食的时代拉开了帷幕。

其中，站在生态系统顶端的生物，就是加拿大奇虾。它是伯吉斯页岩化石群 ※ 的代表性生物，体长超过 1m。在小型生物占多数的时代，奇虾是具有压倒性优势的捕食者。它会用巨大的眼睛搜寻猎物，然后用像船桨一样的鳍划水，在海中快速游动。它确如其名，是一种"非常奇妙的虾"。

目前关于奇虾的分类有诸多说法，所以它算是一种"Problematica（未详化石）"。

※ 伯吉斯页岩化石群：在加拿大落基山山脉伯吉斯页岩中发现的动物化石群。距今大约 5 亿 2500 万年。

## MORE DETAILS ·······················

奇虾的最大特征是两根布满倒刺的触手。触手根部是长满牙齿的圆形口腔。它的口腔是双重结构，会交互开合。用触手捉到猎物后，它会用嘴咬两次。这是让猎物无法逃脱的最恐怖的捕食方式。

*Check*

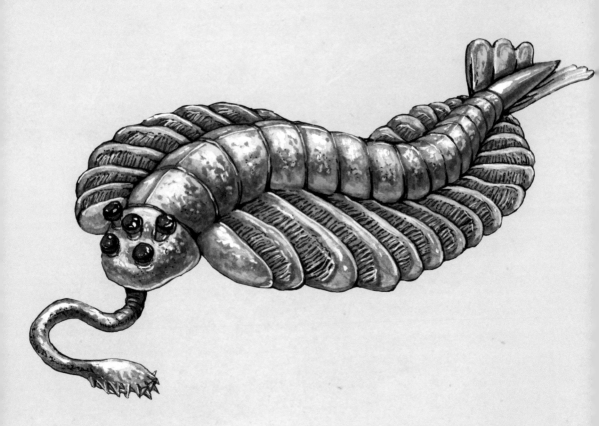

## 欧巴宾海蝎

英文名：Opabinia　学名：*Opabinia*

分类：不明　生存时间：寒武纪（5亿2500万年前～5亿500万年前）

分布：加拿大、中国　全长：4～7cm

地图

# 长着五只眼睛和象鼻的海洋生物

　　欧巴宾海蝎生活在寒武纪的海洋中，是伯吉斯页岩化石群的生物之一。如果说同时代的奇虾是海中王者，那么欧巴宾海蝎就可以称得上是女王了。

　　它的体形比奇虾小很多，最大的只有 7cm 左右。在外形千奇百怪的寒武纪怪兽中，欧巴宾海蝎的长相也算是特立独行了。据说，1972 年学会首次发表它的复原图时，会场爆发了很大的哄笑，甚至到了解说进行不下去的程度。

　　欧巴宾海蝎最奇怪的构造是从头部伸出的触手。触手前端是一个类似夹子的结构，上面长着锯齿状的牙齿。它就是用这个触手捕猎，然后将猎物送到口中的。这个触手的功能跟大象的鼻子很像。欧巴宾海蝎细长的躯干上具有环节结构，而且身体两侧长满了鳍。它应该是利用这些鳍划水，在海中游动的。

　　欧巴宾海蝎属于"未详化石"的一种，但学者们认为它捕猎用的触手和鳍等构造，与奇虾有相似之处。

## MORE DETAILS ·······················································

从寒武纪开始，突然出现了有眼睛的生物。它们在狩猎或逃离如奇虾这样的天敌时，肯定更具优势。欧巴宾海蝎头上就长着五只眼睛，拥有 360° 视野。

Check

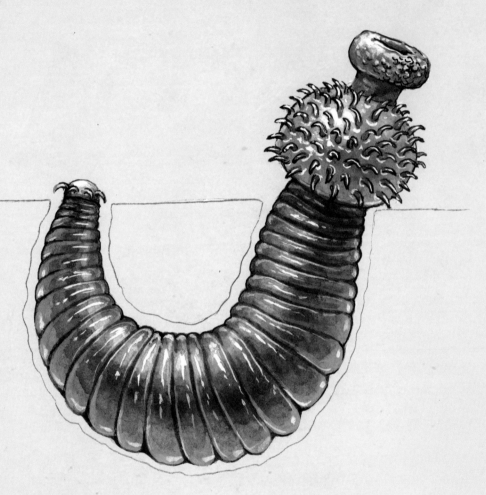

## 奥托虫

**英文名:** Ottoia　**学名:** *Ottoia*

**分类:** 曳鳃动物门 奥托虫科　**生存时间:** 寒武纪( 5 亿 500 万年前 )

**分布:** 加拿大　**全长:** 2 ～ 16cm

地图

# 吃东西不讲究却爱干净？

　　奥托虫也是寒武纪生命大爆发时诞生的伯吉斯页岩化石群的生物之一。像奇虾和欧巴宾海蝎这类生物，没有留下子孙便灭绝了。但奥托虫的子孙尾曳鳃虫，如今还生活在海洋里。

　　奥托虫体长 2～16cm，外形像比较粗的蚯蚓，但它是一种凶猛的肉食动物。它会在海底挖出"U"形的洞穴，然后躲在里面伏击猎物。奥托虫身体后方有八个钩状凸起，伏击猎物时它将这些凸起钩在洞穴上，防止身体滑动。它的主食是名为软舌螺的软体动物，但只要是会动的东西它都会攻击，甚至还会同类相食。

　　奥托虫身体后方长着肛门，它会将肛门伸到巢穴外排便。虽然吃东西不太讲究，却很爱干净。也许是比较在乎排便卫生的生物呢。

**MORE DETAILS** ·············································

奥托虫头上长着几十个伸缩自如的喷嘴。它会将整个身体藏在沙子里，只留头部在外面。发现猎物时，它会立刻伸长头部将猎物一口吞下。

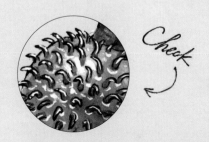

Check

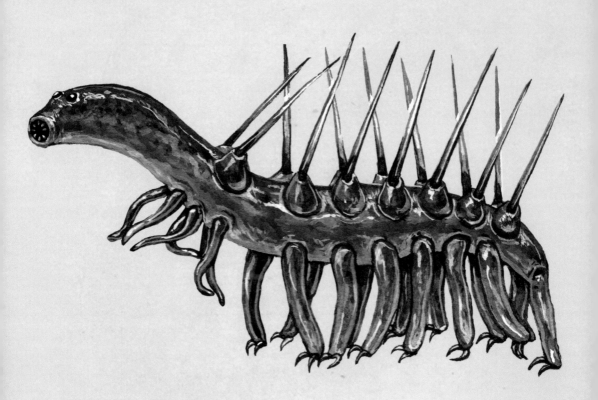

# 怪诞虫

**英文名：**Hallucigenia　**学名：***Hallucigenia*

**分类：**不明　**生存时间：**寒武纪（5亿2500万年前～5亿500万年前）

**分布：**加拿大、中国　**全长：**0.5～3cm

地图

# 寒武纪海洋中的梦幻生物

在不可思议的寒武纪怪兽中，有一种曾大放异彩的梦幻生物，那就是怪诞虫。作为伯吉斯页岩化石群的代表性生物之一，自被发现以来它就一直备受关注。

怪诞虫属于小型生物，它体长 0.5～3cm，背上有刺状凸起，柔软的腿部长着小小的爪子。刚发现时，由于它的外形过于奇特，学者们根本不知道该把它分到哪个族群里。它的复原图也一直是上下、前后颠倒的。直到 1997 年，学者们才修正了它的复原图。而关于它的分类，目前较有力的说法是它属于有爪动物门。2015 年，科学家们从它的化石中发现了一对眼睛和小小的牙齿。

怪诞虫的学名 *Hallucigenia* 来源于拉丁语"hallucinatio（如在梦中、幻觉）"，它的意思是"从幻觉中产生的东西"。也许怪诞虫是远古地球孕育的一个短暂的梦吧。

现存的有爪动物只有陆生的天鹅绒虫，海生的已经全部灭绝了。

**MORE DETAILS** ·······················································

怪诞虫细长的躯干上长着倒"V"形的长腿。腿下方的爪子表面包裹着 2～3 层角质层，所以脱皮后不用等爪子重新长出来。天鹅绒虫的爪子和下颌也具该特征。

*Check*

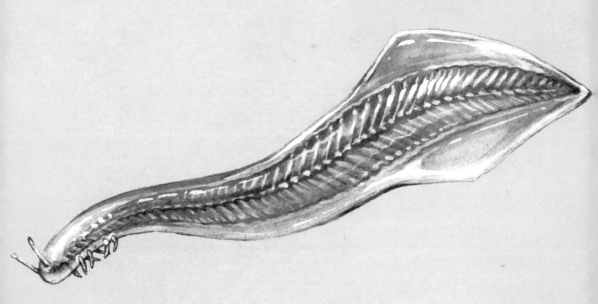

# 皮卡虫

英文名：Pikaia　学名：*Pikaia*

**分类:** 脊索动物门 皮卡虫科　**生存时间:** 寒武纪( 5 亿 500 万年前 )

**分布：**加拿大　全长：4 ～ 5cm

地图

# 靠贯穿身体的脊索而生

　　皮卡虫是体长 5cm 左右的小型生物，它的外形很像现生的文昌鱼。它能让身体左右弯曲，借此在寒武纪的海洋中来回游动。

　　皮卡虫也是伯吉斯页岩化石群的生物之一，跟它同时代的有奇虾、欧巴宾海蝎等强大的捕食者。很多生物为了对抗这些捕食者、保护自己，进化出了一些特殊的器官，比如很硬的外骨骼等。在它们之中，皮卡虫显得太没有自卫能力了。不过，它身上却有一个突出的特征，那就是一条被称为"脊索"的贯穿整个身体的棒状肌肉。脊索是脊椎的前身，在进化史中是非常重要的器官。

　　皮卡虫其实并不是脊椎动物的直接祖先。但跟它亲缘关系很近的生物进化成了鱼，然后在陆地上花了 5 亿年的时间慢慢演化成两栖类、爬行类、鸟类、哺乳类，最后进化出了人类。

## MORE DETAILS ·········································

皮卡虫没有眼睛，但长着一对触角，这对触角也许有辨别明暗等功能。它的触角下面还长着几对凸起，这些凸起很有可能进化成了鱼类的鳍。

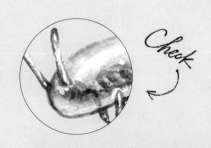

*Check*

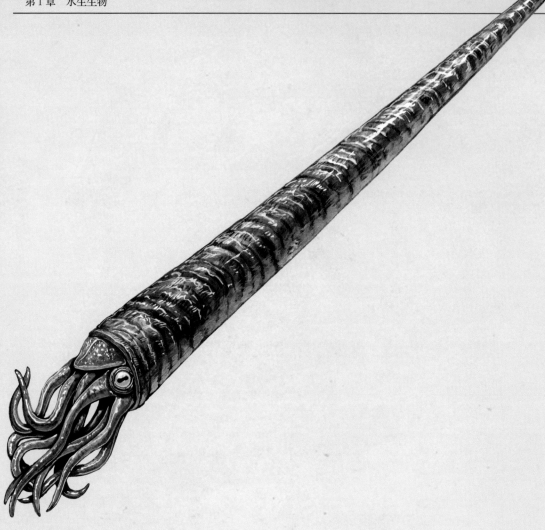

# 房角石

英文名：Cameroceras　学名：*Cameroceras*

分类：头足纲 内角石目 内角石科

生存时间：奥陶纪（4 亿 8830 万年前～ 4 亿 4370 万年前）

分布：北美　全长：10 ～ 11m

地图

# 戴着尖帽子的捕猎者

奥陶纪跟寒武纪一样，也是生物多样化发展的时代。当时在海洋中最繁荣的是直角石这类生物。它们是鹦鹉螺的祖先，与章鱼和乌贼同属头足类。不过，直角石的壳并不是像鹦鹉螺一样的螺旋形，而是细长的圆锥形。

现在的鹦鹉螺靠吃鱼虾的尸体为生，平时总是静悄悄地藏在某处。但奥陶纪的直角石却是站在生态系统顶端的凶暴捕食者。其中体形最大的当属房角石，它的体长最大可达 11m。房角石的主要猎物是三叶虫、广翅鲎和原始鱼类阿兰达甲鱼（p26）等。现代的章鱼和乌贼也是非常聪明凶猛的捕食者。如果配上这么大的体形，肯定非常可怕。不过，风光一时的房角石，却在奥陶纪末期发生的第一次大灭绝[※]中彻底消失了踪影。这已经是 4 亿 4370 万年前的事了。

※ 大灭绝：在某个时期多种生物同时灭绝。生命史上规模最大的五次大灭绝
　　被称为 "Big Five"。

**MORE DETAILS** ··························································

房角石的头部软体部分究竟长什么样子，目前还不得而知，但学者们推测基本跟它的子孙鹦鹉螺差不多。不过鹦鹉螺有 90 根触手，房角石却跟乌贼一样只有 10 根。

Check

## 阿兰达甲鱼

英文名：Arandaspis　学名：*Arandaspis*

分类：无颌纲 鳍甲鱼目 阿兰达甲鱼科

生存时间：奥陶纪（4 亿 8830 万年前～ 4 亿 4370 万年前）

分布：澳大利亚　全长：15 ～ 20cm

地图

# 戴着头盔的早期鱼类

阿兰达甲鱼是早期鱼类之一，它是在大约 4 亿 8000 万年前的奥陶纪出现的。它同时也是没有颌的原始"无颌类"成员。

阿兰达甲鱼最大可达 20cm 左右。从它的头部至身体前半部包裹着一层头盔一样的骨板，这类鱼被称为"甲胄鱼"。它身体的后半部分则被鱼鳞包裹。阿兰达甲鱼没有胸鳍，只有一个类似尾鳍的器官，但光靠这个器官无法在海中自由游动，所以它应该是借着洋流，在海底慢慢移动的。

当时海洋的王者是大型的房角石，而阿兰达甲鱼则是它们最理想的猎物。所以阿兰达甲鱼一般都是躲在泥里隐忍求生的。后来，阿兰达甲鱼的子孙为了逃离这些捕食者，从海水进入了淡水。这时鱼类便开始了急速的进化。

## MORE DETAILS ·······························

具有由鳃弓发展而来的颌，在脊椎动物的进化中是非常重要的一环。像阿兰达甲鱼这种无颌类，不具备咬合力，所以只能吸食海底的泥，然后摄取其中的微生物。在现生生物中，八目鳗是比较有代表性的无颌类。

# 邓氏鱼

英文名：Dunkleosteus　学名：*Dunkleosteus*

分类：盾皮鱼纲 节甲鱼目 邓氏鱼科

生存时间：泥盆纪（4 亿 1600 万年前～ 3 亿 5920 万年前）

分布：北美、北非　全长：5 ～ 10m

地图

# 统治海洋的"铁面具"

　　在约 4 亿 1600 万年前至 3 亿 5000 万年前的泥盆纪，海洋中的鱼类发展迅猛，所以这个时代被称为"海洋时代"。这些鱼类中最大最强的，便是邓氏鱼。

　　邓氏鱼属于甲胄鱼，所以头部覆盖着一层硬硬的骨板。它长着强有力的颌，咬合力可达 5t。邓氏鱼会用这个强有力的颌来捕食鹦鹉螺、广翅鲎等长着硬壳的生物。这时，鱼类终于扬眉吐气，打倒原来的天敌并登上了捕食者的宝座。

　　不过，邓氏鱼这个强大捕食者的游泳能力却不是很强。它没有鱼鳔，而且身上覆盖着厚厚的骨板，所以只能在海底慢慢移动。邓氏鱼没有享受多久的荣耀，便在泥盆纪末期的大灭绝中消失了。也有人认为，擅长游泳且能追击猎物的鲨鱼出现后，邓氏鱼才在生存竞争中败北并灭绝。目前只发现了邓氏鱼的头部化石，它身体的后半部分究竟长什么样，至今还是个谜。

## MORE DETAILS ·········································

邓氏鱼尖利的牙齿其实是摆设。这些牙根本不是牙，只是突出的颌骨而已。所以邓氏鱼无法嚼碎猎物，只能一口吞下，然后再把无法消化的皮和骨头吐出来。在化石中也找到了能证明它这种进食方式的痕迹。

Check

# 旋齿鲨

**英文名：** Helicoprion　　**学名：** *Helicoprion*

**分类：** 软骨鱼纲 尤金齿目 旋齿鲨科

**生存时间：** 石炭纪后期至三叠纪前期（3亿年前～2亿5000万年前）

**分布：** 日本、俄罗斯、北美　　**全长：** 3 ～ 4m

地图

# 神秘的螺旋状牙齿

　　旋齿鲨是非常神秘的鲨鱼，它生活在距今 3 亿年前～ 2 亿 5000 万年前。从石炭纪末期到三叠纪初期，它一直生活在海洋里，这一点是毋庸置疑的。但它具体长什么样子，至今还是个谜。因为它遗留下来的，只有像比萨刀一样的牙齿化石。

　　鲨鱼一般 2 ～ 3 天就会换一次牙，届时新牙长出，旧牙便会脱落，所以人们经常能发现鲨鱼牙齿的化石。但是旋齿鲨的牙齿外形非常奇特，它不是并排而生的，而是像菊石的壳一样呈螺旋形。

　　如此奇特的牙齿，究竟长在什么部位呢，鼻尖，背鳍，还是尾鳍？……在很长一段时间内人们都在为这件事绞尽脑汁。在发现化石的一百多年后，人们终于确认牙齿是长在下颌底部的。但螺旋到底是朝外还是朝内的，目前还没有定论。

　　不过无论细节如何，这种牙齿应该都是用来切断菊石和三叶虫的硬壳的。

## MORE DETAILS ·······················································

旋齿鲨的牙齿是不会脱落的。长出的新牙会从顶端加入螺旋，旧牙则会慢慢被卷到螺旋内侧。旋齿鲨从出生至死亡的所有牙齿，都在这个螺旋上。

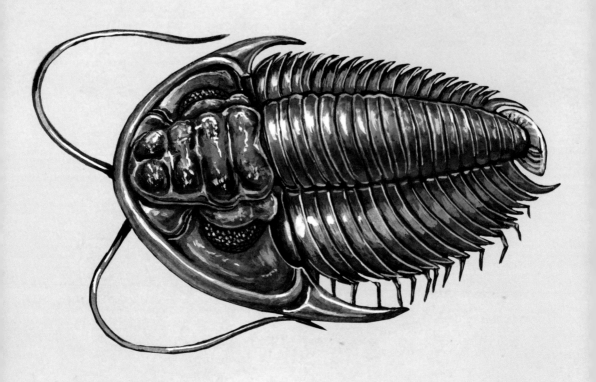

# 三叶虫

地图

英文名：Trilobita　学名：*Trilobita*

分类：节肢动物门 三叶虫纲

生存时间：寒武纪至二叠纪（5 亿 4200 万年年前～ 2 亿 5100 万年前）

分布：全世界　全长：3 ～ 60cm

# 活了三亿年的处世高手

　　三叶虫是诞生于距今 5 亿 4200 万年前的古生代寒武纪初期的节肢动物。之后历经奥陶纪、志留纪、泥盆纪、石炭纪和二叠纪，在古生代六个时代长达三亿年的时间里，它都在海洋中默默生活着。这在整个生物史上，都应该称得上是繁衍生息最成功的例子了。

　　目前发现的三叶虫化石已经超过一万种，它和菊石等一起被当成了确定地质年代用的"标准化石"※。三叶虫在海中生活了 3 亿年，在不同的时代进化出了各种不同的特质，有的进化成擅长游泳的，有的进化成像蜗牛一样有眼睛的，有的则进化成全身带刺的。虽然统称为"三叶虫"，却有很多不同的种，这也是它闻名于世的原因。

　　如此繁荣的三叶虫，却在 2 亿 5000 万年前二叠纪末期的大灭绝中，伴随着古生代的结束消失在了海洋里。

※ 标准化石：可用于确定地层地质年代的化石。

## MORE DETAILS ··········

三叶虫的身体被两条纵向的沟分成了三部分——左右的侧叶和中间的中轴。三叶虫的头部、胸部和尾部也是可以区分开的，它的胸部有几十个体节，每个体节上都长着一对足。

Check

# 笠头螈

地图

**英文名**：Diplocaulus　**学名**：*Diplocaulus*

**分类**：两栖纲 游螈目 笠头螈科

**生存时间**：二叠纪（2 亿 9900 万年前～ 2 亿 5100 万年前）

**分布**：北美　**全长**：60 ～ 90cm

# 栖息在河底的"回旋镖"脑袋

　　"从来没见过长得如此奇怪的生物！"很多古生物都能让人发生这样的感叹。在这些千奇百怪的生物中，笠头螈的长相也算是格外有趣的。它是生活在二叠纪（2亿9900万年前～2亿5100万年前）的两栖类。

　　笠头螈全长1m左右，最大特征就是脸颊处凸起的两个片状器官。为什么笠头螈的头部长得像回旋镖？有人认为是为了逃离天敌，所以头部比较发达；也有人认为它会像扇动翅膀一样使用这个部位来辅助自己游泳。笠头螈幼年时期头部形状很普通，脸颊处本来也只是两块小骨头，但随着它的成长，这两块小骨头越长越大，最大可长到30cm左右，说不定这是向异性求偶的信号呢。

　　可能它是蝾螈、青蛙的近亲或祖先，扁平的身体配上长尾巴和小小的腿，确实很适合在水中生活。

**MORE DETAILS** ·····················

笠头螈的腿比较纤细，所以不适合在陆地上生活。它的两只眼睛并排长在头顶上，由此推断它应该是生活在河底的。也许它平时会躲在泥里伏击猎物。

# 无齿龙

**英文名：**Henodus　**学名：**_Henodus_

**分类：**爬行纲 楯齿龙目 无齿龙科

**生存时间：**三叠纪后期（2 亿 2800 万年前～ 1 亿 9960 万年前）

**分布：**德国　**全长：**约 1m

地图

# "我不是乌龟！"

无齿龙虽然外形很像乌龟，但其实跟乌龟一点关系也没有。它是水生爬行类，跟蛇颈龙※有较近的亲缘关系。

无齿龙生活在大约 2 亿年前的三叠纪后期，是比较稀有的楯齿龙类。它的栖息地不是海洋，而是咸水或淡水湖泊。无齿龙会为了呼吸而来到陆地上，但凭它细弱的腿脚，在陆地上走动应该是比较困难的。

无齿龙的背部和腹部完全被硬壳包裹，用以防御天敌。它的整个身体呈扁平状，长方形的壳覆盖了腿脚，宽度是普通乌龟的两倍。无齿龙的壳是由骨质甲片构成的，呈马赛克状。口内两端长着两颗尖牙，它应该就是用这两颗牙齿咬碎贝类的壳，然后吃里面的肉的。它的上下颌左右各长着一颗牙，这些牙的作用也许是过滤食物。

※ 蛇颈龙：蛇颈龙属的代表性动物，是未确认生物尼斯湖水怪的原型。

**MORE DETAILS** ·······················································

无齿龙眼睛正前方长着喙，喙的前端有棱角，所以它的整个头部看起来是正方形的。最近的研究认为无齿龙是草食性的，据推测它会用宽宽的下颌挖水底的植物吃。

*Check*

# 克柔龙

地图

**英文名**：Kronosaurus　**学名**：*Kronosaurus*

**分类**：爬行纲 蛇颈龙亚目 上龙科

**生存时间**：白垩纪前期（1 亿 4500 万年前～ 9900 万年前）

**分布**：澳大利亚、南美　**全长**：约 9m

# 长着巨颌的海中"霸王龙"

在大约 1 亿 4400 万年前至 6500 万年前的白垩纪，克柔龙是统治整个海洋的大型蛇颈龙。虽然经常被误解，但蛇颈龙并不是恐龙。大部分蛇颈龙都跟名字描述的一样，是"脖子长脑袋小"的，但克柔龙却是"脖子短脑袋大"的类型。它体长 9m，其中头骨就占了 3m，体形看上去非常失衡。

克柔龙得名于希腊神话里的泰坦——众神之王克洛诺斯。克洛诺斯是天神宙斯的父亲，为了保住王位不惜将儿子吃掉。克柔龙拥有强有力的上下颌与尖利的牙齿，它应该也会像克洛诺斯一样凶狠地将猎物撕碎再吞下肚吧。从它胃中的残留物推断，它是以其他蛇颈龙和海龟为食的。

克柔龙长着四个长达 1m 的像船桨一样的鳍脚。据推测它就是凭借这些鳍脚，在海中快速游动的。

这个海中王者，也是在著名的白垩纪末期的大灭绝中消失于世的。

**MORE DETAILS** ················································

霸王龙跟克柔龙基本处于同一时代，如果说霸王龙是陆地的王者，那么克柔龙就是海洋的王者。克柔龙长着巨大的颌，口中的尖牙最长可达 25cm。据推测，它的咬合力是霸王龙的数倍。

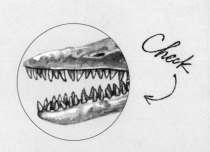

# 菊石

**英文名：**Ammonite　**学名：***Ammonoidea*

**分类：**头足纲 菊石亚纲

**生存时间：**志留纪末至白垩纪末（4 亿 2000 万年前～ 6550 万年前）

**分布：**全世界　**全长：**1 ～ 200cm

地图

# 神秘而美丽的螺旋形外壳

　　菊石栖息于全世界的海洋，并在不同年代进化出了各式各样的种。迄今为止人们已发现了大量的菊石化石，它甚至被当成区分地质时代用的标准化石。

　　早期的菊石外壳主要呈直线形，但大多像海螺一样有着美丽的螺旋。菊石的学名 *Ammonoidea* 来源于古埃及的太阳神阿蒙，据说阿蒙头上长着一对绵羊角，而这对绵羊角的形状与菊石的壳非常相似。目前已知的菊石已经超过 1 万种，其中最大的种是 *Parapuzosia seppenradensis*（巨菊石或德国菊石），它的外壳直径超过了 2m。

　　从古生代的志留纪到中生代的白垩纪，菊石跨越了七个时代，总共存活了 3 亿 5000 万年。所有的菊石都是在白垩纪末期的大灭绝中，与恐龙同时期灭绝的。目前发现的菊石化石都是外壳部分，它的内部是什么样子至今还是个谜。

## MORE DETAILS ·························································

菊石贝壳的内部分隔成了许多小空间，但并不是所有空间都布满软体，软体能进入的只有最前面的空间。这一点跟海螺很不一样。

## 巴基斯坦古鲸

英文名：Pakicetus　学名：*Pakicetus*

分类：哺乳纲 鲸偶蹄目 巴基鲸科

生存时间：始新世初期（5300 万年前）

分布：巴基斯坦　全长：约 1.8m

地图

# 长着蹄子的鲸类祖先

鲸鱼属于哺乳类，它们的祖先原本是生活在陆地上的。现在已知的最早的鲸类祖先就是巴基斯坦古鲸。它的化石是在约 5200 万年前的地层中发现的。

巴基斯坦古鲸体长约 1.8m，特征是长长的尾巴。它全身长满了毛，嘴部很长，看起来像"耳朵比较小的狼"。不过巴基斯坦古鲸跟犬科动物一点关系也没有，它是长着四条腿和蹄子的肉食有蹄类。顺带一提，现有的陆生动物中与鲸类亲缘关系最近的是河马。

巴基斯坦古鲸一般在水边和陆上生活，有时也会为了捕鱼而潜入河川。它的生活习惯大约跟现生的海狮和海豹很像。

巴基斯坦古鲸眼睛的位置很高，所以在游泳时应该能观察到水面的情况。它的趾骨很长，脚趾之间可能长有类似蹼的东西。

## MORE DETAILS ·····························································

鲸类最大的特征是厚厚的耳骨。它们的耳骨与头骨是分隔开的，并一直处于悬空状态。所以鲸鱼能在水中捕捉到传到头盖骨的振动，进而听到声音。巴基斯坦古鲸的耳骨也有类似的特征。

## 斯特拉大海牛

英文名：Steller's Sea Cow　　学名：*Hydrodamalis gigas*

分类：哺乳纲 海牛目 儒艮科　　灭绝时间：1768 年

分布：北太平洋白令海　　全长：7 ～ 8m

地图

# 快速灭亡的温柔巨兽

斯特拉大海牛是生活在北太平洋白令海上的动物。它不擅长潜水，平时会悠闲地浮在水面上找海带等藻类吃。斯特拉大海牛的数量本来就不多，1741年刚被发现时也只有 2000 头左右。

"它的肉像小牛一样鲜嫩，脂肪可以当油灯的燃料，厚厚的皮能用来制作高品质的皮鞋和腰带。"听到这些传闻后，猎人们蜂拥而至。

斯特拉大海牛动作迟缓且对人类没有戒心，遭遇袭击后只会往海底躲藏。而且它们有救助同伴的习性，只要有同伴受伤就会马上赶来。这个习性对猎人来说再方便不过了。

到了 1768 年，伴随着"发现两三头大海牛后将它们猎杀"的记录，斯特拉大海牛就此销声匿迹。目前只有大英博物馆珍藏着它的全身骨骼标本。

**MORE DETAILS** ·····················

斯特拉大海牛的牙齿基本都退化了。它的上下颌长着类似喙的硬角质板，斯特拉大海牛就是用这个角质板和嘴唇将长在岩石上的藻类咬下来的。

*Check*

# 居氏山鳉

**英文名**：Titicaca Orestias **学名**：*Orestias cuvieri*

**分类**：辐鳍鱼纲 鲤齿目 鲤齿鳉科 **灭绝时间**：1960 年

**分布**：玻利维亚、秘鲁交界处的的喀喀湖 **全长**：22 ～ 27cm

地图

# "圣湖"中的黄金鱼

　　位于玻利维亚和秘鲁交界处的的的喀喀湖，是古印加帝国的圣地。据说，这个神秘的湖里掩埋着印加人的宝藏。居氏山鳉是的的喀喀湖的特有品种，身体呈漂亮的金黄色。

　　居氏山鳉灭绝的原因是美国政府在的的喀喀湖里放养了红点鲑（生活在湖水中的鳟鱼），也许初衷是让当地人吃上好吃的鱼吧，但最终却导致了居氏山鳉的灭绝。具体的灭绝原因是红点鲑夺取了居氏山鳉的食物，或是红点鲑直接将居氏山鳉当食物吃掉了。这一切都发生在放养红点鲑后的十年间。的的喀喀湖是传说中能让人死而复生的"圣湖"，然而曾经生活在"圣湖"中的居氏山鳉却没有复活，而是永远地消失了。

**MORE DETAILS** ·······················································

居氏山鳉细长的头部占整个身体的 1/3，圆圆的下颌上长着突出的弓形嘴唇。它的身体是泛绿的金黄色，幼鱼时期身上有黑色斑点，但斑点会随着成长慢慢消失，最后变成鲜艳的金黄色。

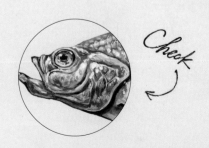

Check

# 胃育溪蟾

英文名：Southern Platypus Frog　学名：*Rheobatrachus silus*

分类：两栖纲 无尾目 龟蟾科　灭绝时间：1983 年

分布：澳大利亚昆士兰州　全长：3 ～ 5.5cm

地图

# 在胃中育子的青蛙

　　胃育溪蟾别名"南部胃育蛙"，它的外形跟其他青蛙没什么不同，奇特的是它的育子方式。没有人见过胃育溪蟾的蝌蚪，因为它会在自己的胃里将蝌蚪养成小青蛙，然后再吐出来。

　　如此珍贵罕见的青蛙，在 1972 年被再次发现后，只过了十几年就突然灭绝了。灭绝的原因尚不明了，专家们推测是环境恶化或壶菌病造成的。1981年之后，再也没有发现过野生的胃育溪蟾。到了 1983 年，人工饲养的胃育溪蟾也死亡了。最后一只胃育溪蟾是雄性的。

　　进入二十一世纪后，澳大利亚开始尝试用克隆技术复活胃育溪蟾，这个项目被称为"拉扎卢斯计划（The Lazarus Project）"。但每次试验都无法度过胚胎的初期阶段，胚胎在短短几日内就死亡了。不过，研究者们没有放弃，他们梦想着"有朝一日让胃育溪蟾复活，看看它们跳来跳去的欢快模样"。

## MORE DETAILS ....................................................

雌性胃育溪蟾会将受精卵吞下去，然后在胃中将其孵化。在这期间，雌蛙的胃会停止分泌胃酸，充当哺乳动物的子宫。6～7周后，雌蛙便会将长大的小青蛙吐出来。

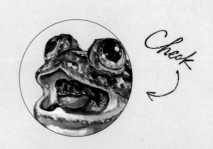

# 金蟾蜍

英文名：Golden Toad　学名：*Bufo periglenes*

**分类**：两栖纲 无尾目 蟾蜍科　**灭绝时间**：1990 年

**分布**：哥斯达黎加　**全长**：4 ～ 5.5cm

地图

# 消失的"哥斯达黎加宝石"

金蟾蜍只栖息在中美洲哥斯达黎加的热带雨林中，是非常稀有的青蛙。它还有一个别名"环眼蟾蜍"。

不过只有雄性金蟾蜍是通体金黄的，雌性金蟾蜍是淡淡的橄榄绿色。它是在 1966 年被发现的。金蟾蜍主要生活在地下的巢穴中，只在繁殖期那几天才会出现在地面上。到了那几天，平时暗无天日的热带雨林会变得一片金黄。研究者将这一盛况称为"金蟾蜍庆典"。

1987 年，几千只金蟾蜍参加了这场盛大的庆典。但 1988 年就只有十一只金蟾蜍现身了，次年则仅剩了一只。终于，到了 1990 年，再也没有金蟾蜍出席这场庆典了。之后，这个被称为"王冠上的宝石"的美丽身影，就这样销声匿迹，简直像被神明藏起来了一样。

关于金蟾蜍灭绝的原因有诸多说法，比如酸雨、土壤污染、紫外线增强、壶菌病蔓延等，但究竟哪个是正确的，目前还不得而知。

## MORE DETAILS ·····················

两栖类对环境变化比较敏感，所以有人认为它们会成为温室效应的首批牺牲者。因为两栖类需要水和陆地两种生活环境，而且皮肤很薄，对湿度、温度特别敏感，有害物质容易进入体内。

Check

# 白鱀豚

英文名：Chinese River Dolphin　　学名：*Lipotes vexillifer*

分类：哺乳纲 鲸偶蹄目 白鱀豚科　　灭绝时间：2006 年

分布：中国长江　　全长：2 ～ 2.7m

地图

# 寻找"长江女神"

　　白鱀豚是一种淡水豚，是中国长江的特有品种。它在中国古代就被当成象征和平与繁荣的"长江女神"，因而广受人们喜爱。雌性白鱀豚的体形比雄性大，体长最长可达 2.7m，体重可达 160kg。白鱀豚身体呈青灰色，只有背部和腹部颜色淡一些。它脑袋上部长着一对小小的眼睛，但视力基本退化。白鱀豚一般是单独或成对活动，有时也会组成十头左右的小群体。因为视力退化，白鱀豚捕猎时主要依靠回声定位 ※。

　　二十世纪八十年代初期，长江中大约有四百头白鱀豚，后来因环境骤变等原因，它的总数每年都在减少。1999 年再调查时，长江里就只剩下四头白鱀豚了。2006 年，白鱀豚宣告灭绝。2016 年，有动物保护组织的人声称在长江看到了白鱀豚，但没有可靠的证据。

※ 回声定位：用超声波的反射来推测与对象间的距离。

**MORE DETAILS** ·······························

淡水豚的颈椎没有融合，所以脖子可以自由活动。长长的喙也是它们的典型特征。白鱀豚就是利用这个长喙，灵活地捕捉江底的鱼类的。

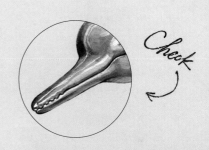

第 2 章

WINGED ANIMALS

有翼生物

# 巨脉蜻蜓

**英文名**：Meganeura　　**学名**：*Meganeura*

**分类**：昆虫纲 原蜻蜓目 巨脉科

**生存时间**：石炭纪末期（2 亿 9000 万年前）

**分布**：法国、英国、北美　**翼展**：约 70cm

地图

# 翅膀展开可达 70cm 的巨型蜻蜓

　　在 3 亿多年前的石炭纪，整个地球都覆盖着由巨大蕨类植物构成的森林。节肢动物比其他生物率先登上陆地，其中一部分进化成了大型的会飞的昆虫，巨脉蜻蜓就是其中之一。它的双翅展开后可达 70cm，大小跟现生的乌鸦差不多。

　　据推测，石炭纪的天空呈现独特的深褐色。超过 40m 高的蕨类植物释放出大量氧气，让空气中的氧气浓度上升到了 30%。昆虫们从浓厚的氧气中获取能量，开始巨大化。这一时期，翼龙和鸟还没有诞生。长着翅膀的只有昆虫，所以天空是它们的领地。当时脊椎动物刚刚从两栖类进化至爬行类，也就是像小蜥蜴一样的生物罢了。

　　到了爬行类长出翅膀、鸟类的祖先诞生之时，这些会飞的巨型昆虫便消失了。3 亿多年后还飞翔在空中的蜻蜓，都是小型化后才活下来的巨脉蜻蜓的遥远的后代。

**MORE DETAILS** ·······························

巨脉蜻蜓翅膀的构造比较原始，它的飞翔能力没有现生蜻蜓高。与其说是飞翔，不如说是像滑翔机一样在空中滑翔。巨脉蜻蜓的翅膀无法闭合，但四个翅膀可以单独活动。

*Check*

# 空尾蜥

地图

**英文名：** Coelurosauravus　　**学名：** *Coelurosauravus jaekeli*

**分类：** 爬行纲 双孔亚纲 空尾蜥科

**生存时间：** 二叠纪后期（2 亿 5000 万年前）

**分布：** 德国、英国、马达加斯加岛　　**全长：** 40 ～ 60cm

# 龙是真实存在的

　　西方幻想作品中出现的龙通常都长着四条腿和一对翅膀。其实在很久以前曾经有过跟龙很像的可爱爬行类，那就是生活在二叠纪（2 亿 9000 万年前～ 2 亿 5100 万年前）的空尾蜥。空尾蜥体长 40 ～ 60cm。翼龙和鸟的翅膀都是从前肢演化而来的，但空尾蜥却长着四条腿和一对薄薄的翅膀。它的鼻子是尖的，脑袋上长着带刺的装饰。空尾蜥一般栖息在树上，在捕猎或躲避天敌时，它会张开翅膀像滑翔机一样在空中滑行。它学名的意思是"中空蜥蜴的祖先"。为了减轻体重，它的尾巴是中空的。

　　地球史上首个飞翔的生物是昆虫，而空尾蜥是史上首个飞翔的爬行类。在二叠纪末的大灭绝中，空尾蜥彻底消失了踪影，它的生物谱系也就此断绝。

## MORE DETAILS ·······················

空尾蜥的外形和生态都与现生的飞蜥很像，但飞蜥的翅膀是延长的肋骨支撑的翼膜。而空尾蜥的翅膀跟肋骨一点关系都没有，是完全独立的。

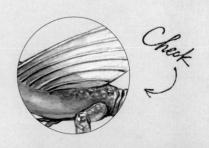

*Check*

# 真双齿翼龙

**英文名**：Eudimorphodon　**学名**：*Eudimorphodon*

**分类**：爬行纲 翼龙目 真双型齿翼龙科

**生存时间**：三叠纪后期（2 亿 2800 万年前～ 1 亿 9960 万年前）

**分布**：意大利、格陵兰岛、北美　**全长**：约 1m

地图

# 长着菱形尾巴的早期翼龙

到了三叠纪（2亿5100万年前～1亿9960万年前），一部分爬行类的前肢慢慢演化成翅膀，开始在空中飞翔，那就是翼龙。

真双齿翼龙是早期翼龙之一。它长着尖牙、喙和长长的尾巴，是喙嘴龙的一种。它的翼展不足1m，体形在翼龙中算是小的。真双齿翼龙拉丁文学名的意思是"真的两种牙齿"。它长着像獠牙一样的尖牙和像锯齿一样的小牙，根据牙齿的形状推测，它应该是吃鱼的。

现在能飞的动物主要是鸟类和蝙蝠，但翼龙早在它们之前就出现了，它甚至比始祖鸟还早3000万年。翼龙的翅膀是由前肢形成的，它前肢的第四指非常长，这也是翼龙显著特征之一。从第四指长出的皮肤跟身体连接在一起，形成了翅膀。

之后的侏罗纪，曾出现过翼展超过10m的大型翼龙，但它们都在白垩纪末的大灭绝中消失得无影无踪。现生的爬行类中，已经没有能飞翔的品种了。

## MORE DETAILS ·······················

真双齿翼龙最大的特征是菱形的尾翼。它的头部很大，所以需要尾翼来平衡。到了白垩纪，没有尾巴的翼龙开始繁荣。这是因为翼龙的头部越来越轻，不需要尾巴来平衡了。

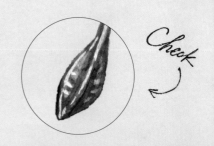

# 顾氏小盗龙

英文名：Microraptor gui　学名：*Microraptor gui*

分类：爬行纲 蜥臀目 驰龙科

生存时间：白垩纪前期（1 亿 4550 万年前～ 9900 万年前）

分布：中国　全长：40 ～ 80cm

地图

# 拥有四个翅膀、全身长满羽毛的恐龙

大约 6500 万年前，在白垩纪末的大灭绝中，大型恐龙几乎都灭绝了。只有长着翅膀的小型恐龙侥幸存活了下来。它们的子孙后来进化成了鸟类。

顾氏小盗龙是肉食性恐龙，它生活在 1 亿多年前的白垩纪，算是恐龙和鸟类的结合体。它的大小跟乌鸦、鹦鹉差不多，全身长满羽毛，四肢都变成了翅膀，细长的尾巴上也长着羽毛。

顾氏小盗龙是如何用这四个翅膀飞翔的，目前有诸多说法。有人认为它是从树上滑翔的，也有人认为它是扇着翅膀从地上起飞的。它的翅膀是泛着蓝色光泽的黑色，反射阳光后会变成缤纷的彩色。它没有喙，趾上留有钩爪。上下颌长满小而尖利的牙齿。

顾氏小盗龙看起来是保留着恐龙风貌的优雅鸟类，但对它绝不能掉以轻心，因为它与电影《侏罗纪公园》中著名的迅猛龙是近亲。

## MORE DETAILS ·················

顾氏小盗龙的后肢上也长着飞行用的羽毛，所以能在空中急转弯。而且，它的后肢能弯曲到身体下，像双翼飞机一样用上下两对翅膀在空中飞翔。

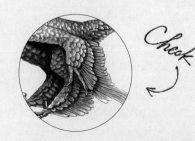

Check

# 冠恐鸟

英文名：Diatryma  学名：*Gastornis giganteus*

**分类**：鸟纲 冠恐鸟形目 冠恐鸟科

**生存时间**：古新世（6550万年前～5500万年前）

**分布**：德国、北美  **体高**：约2m

# 转瞬即逝的光辉时光

　　6500 万年前，伴随着中生代的结束，大型恐龙纷纷灭绝了。在其后的一段时间内，站在新生态系统顶端的，是冠恐鸟这类被统称为"恐鸟"的大型走鸟类。

　　冠恐鸟体长 2m，体重 200kg，翅膀已经退化到不能飞行，但能凭借强有力的腿在陆地上快速奔跑。与现生的鸵鸟或灭绝的最大恐鸟相比，冠恐鸟的身体更强壮，而且头部和喙异常的大，脖子也较粗。

　　据说冠恐鸟是凶猛的肉食鸟，它会用强有力的腿将小型哺乳类踢死，然后用大大的喙将肉撕下来吃掉。但近些年，有些研究者分析了冠恐鸟骨骼中的钙含量，提出了它是草食性动物的假说。

　　不管是肉食性还是草食性，它都败给了之后出现的肉食哺乳类，这段光辉的时光也像梦一样转瞬即逝。

## MORE DETAILS ·······························

宫崎骏漫画《风之谷》中出现了一种名叫"鸟马"的骑乘用生物，它的外形很像冠恐鸟。鸵鸟跑起来会左右摆动，坐起来应该很不舒服，不知道冠恐鸟坐起来是什么感觉呢？

# 最大恐鸟

**英文名:** Giant Moa　**学名:** *Dinornis maximus*

**分类:** 鸟纲 鸵形目 恐鸟科　**灭绝时间:** 16 世纪

**分布:** 新西兰　**体高:** 约 3.6m

地图

# 被猎杀至灭绝的史上最大的鸟

　　最大恐鸟是生活在新西兰的鸟。它不会飞，身高可达 3.6m，是史上最大的鸟。最大恐鸟的雌性比雄性大，体重大约为 250kg。

　　新西兰原本是鸟类的天堂，但一千多年前，毛利人乘着独木舟来到这里。他们吃恐鸟的肉和蛋，拿恐鸟的羽毛作装饰，用恐鸟头骨磨成的粉末来文身。恐鸟长着强而有力的双腿，狩猎它们需要一定的技巧——恐鸟被逼到绝境时会抬起一条腿反击，这时瞄准它的另一条腿，就能一击成功。此外，恐鸟有往砂囊里储存石头的习性，毛利人利用这一点诱使它们吞下滚烫的石头。1769 年，英国的探险家库克船长来到新西兰时，最大恐鸟已经成了传说中的生物。

　　"很久以前，这里有种很大的鸟。但岛上缺少食物，加上它们容易捕捉，最后，这种鸟就灭绝了。"十九世纪初，一个毛利人这样说道。

## MORE DETAILS ·····················································

为了支撑巨大的身体，最大恐鸟长着短而强健的双腿，而且每条腿上都长着三根粗壮的脚趾。在面对天敌哈斯特鹰（p68）和人类的袭击时，它会用双腿勇敢应战。

# 哈斯特鹰

**英文名：**Haast's Eagle　**学名：**_Harpagornis moorei_

**分类：**鸟纲 隼形目 鹰科　**灭绝时间：**16 世纪

**分布：**新西兰　**翼展：**约 3m

地图

# 用时速 80km 的速度俯冲的空中猎手

　　最大恐鸟（p66）是生活在新西兰的史上最大的鸟类。而能狩猎这种巨鸟的，就是哈斯特鹰。哈斯特鹰的体形比现生的所有猛禽都大，而且体格非常健壮。它翼展可达 3m，体重可达 14kg。据推测，哈斯特鹰在狩猎时会以时速 80km 的速度冲下去袭击猎物。一千多年前，毛利人来到新西兰这座无人岛，直到现在，他们之间还口耳相传着这样一个有关恐怖大鸟的传说——

　　"以前这里有一种吃人的鸟。它体形巨大，无论男女老少都会被它袭击。因为叫声独特，人们称之为'嘚吼戚哦噫（Te Hokioi）'。"

　　五百多年后，恐鸟被人类捕杀殆尽，失去食物的哈斯特鹰也随之从地球上消失了。

## MORE DETAILS ·······························

哈斯特鹰有尖利的喙和如虎爪般强有力的钩爪。即便如此，要从空中抓走重达 200kg 的恐鸟，也是一件困难的事。所以人们猜测它是从空中俯冲下来，用钩爪抓住恐鸟的头部或颈部，然后将骨头捏碎。

Check

# 象鸟

英文名：Elephant Bird　学名：*Aepyornis*

分类：鸟纲 隆鸟目 象鸟科　灭绝时间：17 世纪

分布：马达加斯加岛　体高：约 3.4m

地图

# 飞不起来的"洛克"

　　《一千零一夜》中出现过一只名为洛克的巨鸟，据说它的一片羽毛有椰子树叶那么大，能轻而易举把大象抓走。而这只传说中的巨鸟的原型，就是象鸟。象鸟最高可超过 3m，体重可达 500kg。虽然它在身高上输给了前文提到的最大恐鸟（p66），但体重却是鸟类史上最重的。

　　象鸟一直生活在原本是无人岛的马达加斯加岛上，岛上的肉食哺乳类很少，所以它的翅膀慢慢退化，身体逐渐巨大化。象鸟的腿像柱子一样粗壮，但奔跑的速度不是很快。

　　1000 年前～2000 年前，人类开始进入马达加斯加岛。他们大肆砍伐森林，猎杀象鸟当作食物。十三世纪后，很多探险家都想寻找这种传说中的鸟，但他们找到的却只有变成化石的骨头和蛋壳而已。在 200 年前～300 年前还生存着的"洛克"，如今却已消失不见，只留下一些痕迹。

**MORE DETAILS** ·······················································

象鸟的蛋在动物界中是最大的。它的蛋壳厚达 4mm，长径约 30cm，短径约 20cm。容积可达 9L，相当于 7 个鸵鸟蛋或 180 个鸡蛋！这个分量足以做 90 人份的蛋包饭。

# 渡渡鸟

英文名：Dodo　学名：*Raphus cucullatus*

分类：鸟纲 鸽形目 孤鸽科　灭绝时间：1681 年

分布：毛里求斯岛　全长：约 1m

地图

# 仙境中的蠢鸟

　　渡渡鸟是非常知名的灭绝动物，曾在刘易斯·卡罗尔的童话故事《爱丽丝梦游仙境》中登场。它生活在印度洋的毛里求斯岛上，是鸽形目的鸟类。一般情况下，渡渡鸟特指毛里求斯渡渡鸟。被称为"渡渡鸟"的还有两种，即留尼旺孤鸽（*Threskiornis solitarius*）和罗德里格斯渡渡鸟（*Pezophaps solitaria*），但它们也都灭绝了。

　　1598 年，大航海时代。一支荷兰舰队发现了渡渡鸟。它体长 1m 左右，体重 25kg。头上长着向下弯曲的喙，翅膀已经退化到无法飞翔。它的双腿又短又粗，走起路来摇摇晃晃的，叫声似"渡——渡——"。渡渡鸟从被发现到灭绝只有短短八十三年时间。灭绝的原因是人类带来的狗和老鼠等偷吃了它们的蛋和雏鸟。

　　渡渡鸟因为长相奇特被带往欧洲，纳入神圣罗马帝国皇帝鲁道夫二世的动物收藏中，并由宫廷画师罗兰·萨委瑞画下了它的样子。现在，这幅画和渡渡鸟的标本一起被收藏于英国牛津大学的博物馆。

　　后来它受到同在牛津大学教书的刘易斯·卡罗尔的青睐，于是出现在了那个举世闻名的童话中。

**MORE DETAILS** ······························

刘易斯·卡罗尔的真名是查尔斯·道奇森。他性格内向而且有些口吃，就被人起了"渡渡"这个绰号。实际上渡渡鸟脾气暴躁，遇到敌人时会用喙和翅膀猛烈反击。

## 大溪地矶鹬

英文名：Tahiti Sandpiper　学名：*Prosobonia leucoptera*

分类：鸟纲 鸽形目 鹬科　灭绝时间：1777 年

分布：大溪地岛　全长：约 15cm

地图

# 在南方岛屿上静静灭绝的鸟类

　　大溪地矶鹩是生活在南太平洋大溪地岛上的鸟类。历史上完全没有留下它生态、习性等方面的任何记录。1773 年和 1777 年采集的标本，如今也只剩下了一具。据传它灭绝的原因是移民带到岛上的猪。

　　1769 年，英国的探险家库克船长率领探险队来到了大溪地岛。探险队为了保证下次到访时的食物，就在岛上放养了很多猪和羊。这座孤立在海洋中的小岛原本是没有哺乳类的。但现在的大溪地却有一种野生化的猪——大溪地野猪。猪是杂食动物，什么东西都吃，所以大概率将大溪地矶鹩的蛋吃得一干二净了吧。毕竟从库克船长上岛八年后的 1777 年开始，就再也没人见过大溪地矶鹩了。

**MORE DETAILS** ·······················································

大溪地矶鹩的头部和后背、翅膀都是褐色的，腹部是偏橙的黄色，眼睛后方和咽喉处有白色斑点。它体形小到无法食用，身上也没有能当装饰品的长羽毛。所以岛上的原住民很少注意它。

# 大海雀

**英文名：** Great Auk　**学名：** *Pinguinus impennis*

**分类：** 鸟纲 鸽形目 海雀科　**灭绝时间：** 1844 年

**分布：** 北大西洋、北极海　**全长：** 约 80cm

地图

# "初代"企鹅的最后一天

大海雀是生活在北极圈的群居性鸟类，外形跟企鹅很像。大海雀的翅膀已经退化，它不会飞翔却很擅长游泳。在陆地上，它会将身体直立起来摇摇晃晃地行走。这些特点都跟企鹅如出一辙，但其实大海雀才是最早被称为"企鹅"的鸟。

1534年刚被发现时，大海雀的数量有几百万只。它动作迟缓而且对人类没什么戒心，肉和蛋都非常美味，羽毛和脂肪也能派上用场。对人类来说，大海雀是最理想的猎物。于是人们开始大肆猎杀它们。到了1830年前后，大海雀只剩下三十余只。它的标本成了全欧洲博物馆和收藏家们梦寐以求的东西，这一点加速了它的灭绝。

1844年6月3日，三个猎人发现了一对正在孵蛋的大海雀。雄性大海雀马上被打死，试图保护蛋的雌性大海雀也被勒死了。仅剩的蛋在打斗过程中碎裂，让猎人们极为恼怒。

这就是大海雀这一物种在地球上度过的最后一天。

**MORE DETAILS** ······························

到了繁殖期，大海雀就会登上小岛，到没有天敌的岩石或断崖上产下一枚卵。它的卵的形状非常特殊，像梨一样，据推测是为了防止从悬崖上滚落。

## 塞舌尔凤蝶

英文名：Seychelles Swallowtail Butterfly　学名：*Papilio phorbanta nana*

分类：昆虫纲 鳞翅目 凤蝶科　灭绝时间：1890 年

分布：塞舌尔群岛　翼展：约 10cm

地图

# 如梦一般的蓝色蝴蝶

距离非洲东部 1300km 的大海上，散落着 115 个小岛，由它们组成的国家就是塞舌尔。这些小岛都非常漂亮，被誉为"印度洋上的珍珠"。

迄今人类只发现了两只塞舌尔凤蝶。雄性塞舌尔凤蝶的双翼呈漆黑色，中间点缀蓝或绿的花纹，而雌性塞舌尔凤蝶的双翼呈浅茶色，上面带有乳白色的花纹——这是目前已知的所有关于塞舌尔凤蝶的信息。有人猜测它是从塞舌尔群岛以南 1800km 的留尼汪岛上飞过来的。因为留尼汪岛上栖息着很多凤蝶，而其中有一种与塞舌尔凤蝶很像。

1890 年以后，就再也没有人见过塞舌尔凤蝶了。悄无声息地存活，又悄无声息地灭绝，正是因为这份神秘感和梦幻感，它才会被誉为"世界上最美丽的灭绝生物"吧。

MORE DETAILS ·········································

为了画这个谁都没见过的塞舌尔凤蝶，查找了很多资料。画翅膀时参考了栖息在美洲大陆上的闪蝶。闪蝶被誉为"世界上最美的蝴蝶"，它的翅膀泛着漂亮的蓝色光泽，看起来非常梦幻。

Check

## 斯蒂芬岛异鹩

英文名：Stephens Island Wren　学名：*Xenicus lyalli*

分类：鸟纲 雀形目 刺鹩科　灭绝时间：1894 年

分布：新西兰斯蒂芬岛　全长：约 10cm

地图

# 被猫发现又因猫灭绝的小鸟

斯蒂芬岛是位于新西兰南岛和北岛之间的小岛。斯蒂芬岛异鹩就生活在这座岛上，它虽然属于雀形目，却不会飞翔。

1894 年，斯蒂芬岛建了一座灯塔。灯塔的看守带着自己的家人和猫来到了岛上。有一天，这只猫突然叼回一只很少见的小鸟。之后它每天都要去海岸边转悠，前后一共叼回十一只这样的鸟。灯塔看守将鸟的尸体寄给了鸟类学家，最后它被确定为新物种，并被命名"斯蒂芬岛异鹩"。猫后来又捉到了四只斯蒂芬岛异鹩，但这是最后一批，之后它就再也没叼回过这种小鸟了。

斯蒂芬岛异鹩是"被一只猫发现、又因一只猫灭绝"的小鸟，它的故事已经成了传说。不过，关于它的生态、习性我们至今一无所知。"这种鸟会在黄昏时出现，而且不会飞。"目前已知的只有灯塔看守留下的这段记录而已。

## MORE DETAILS

新西兰原本没有肉食哺乳类，鸟类站在生态系统的顶端，所以大多都朝着不会飞的方向进化了。斯蒂芬岛异鹩在岛上生态系统中所处的位置跟老鼠差不多。

# 兼嘴垂耳鸦

英文名：Huia　学名：*Heteralocha acutirostris*

分类：鸟纲 雀形目 垂耳鸦科　灭绝时间：1907 年

分布：新西兰北岛　全长：约 50cm

地图

# 成为时尚潮流牺牲品的"圣鸟"

　　兼嘴垂耳鸦是新西兰的特有鸟类。它体长 50cm 左右，通体漆黑，只有喙的根部长着橙色的肉坠。它栖息在新西兰北岛的森林里，总是一雌一雄地成对活动。据说它的叫声如横笛一般优美动人。

　　兼嘴垂耳鸦是毛利人心中的"圣鸟"，他们将它称为"huia"。Huia 的尾羽只有尖端是白色的，这种羽毛备受毛利人的珍视，只有少数酋长可以佩戴它作为装饰。

　　兼嘴垂耳鸦灭绝的起因发生在 1900 年前后。当时英国王室的约克公爵造访新西兰，毛利人将兼嘴垂耳鸦的一片羽毛赠予了他。约克公爵把这片羽毛插在帽子上，一时间这种装扮风靡欧洲，很多人都想要这种羽毛，这导致兼嘴垂耳鸦灭绝的滥捕拉开帷幕。

　　1907 年的某一天，有人看到一只兼嘴垂耳鸦往森林中飞去，这之后便再也没人见过它了。毛利人心中的圣鸟 huia 就这样消失得无影无踪。

## MORE DETAILS

兼嘴垂耳鸦雄性和雌性在喙的形状上有很大区别。雌性的喙较长且向下弯曲，而雄性的喙则是较短的直线型。有人猜测这是为了在捕食时互相帮助，也有人认为这是为了提高整个物种的生存概率。

# 旅鸽

英文名：Passenger Pigeon　　学名：*Ectopistes migratorius*

分类：鸟纲 鸽形目 鸠鸽科　灭绝时间：1914 年

分布：北美东部至中美洲　全长：约 40cm

地图

# 从五十亿只到完全灭绝的鸽子

旅鸽曾是鸟类史上数量最多的鸟，据推测总数可达 50 亿只。它每年都会成群结队地从北美大陆东北部往南部迁徙，所以胸部的肌肉非常发达，能以 100km 的时速进行长距离飞行。

1813 年，鸟类学家、画家约翰·詹姆斯·奥杜邦目睹了旅鸽的迁徙。"遮天蔽日的鸽群飞了三天三夜才飞完"，奥杜邦这样描述当时的情景。但如今，再也看不见这种壮观的场面了。

当时美国处于拓荒时代。人们对旅鸽美味的肉和漂亮羽毛的需求越来越大，一场空前绝后的滥捕就这样开始了。为了捕捉旅鸽，人们甚至会直接砍倒它们休息的树，然后再将它们打死。用盐腌制的旅鸽肉通过当时刚开通的铁路源源不断地运到了城市里。

这种肆无忌惮的滥捕行为持续了五十多年。到了 1850 年，旅鸽的数量骤减。1904 年，野生旅鸽宣告灭绝。被饲养在动物园中的名叫玛莎的最后一只旅鸽，也于 1914 年 9 月 1 日永远地停止了呼吸。

## MORE DETAILS ·················································

旅鸽是一种非常美丽的鸽子。它头部较小，尾羽很长，全身呈优美的流线型。雄性旅鸽后背和翅膀呈青灰色，胸部是漂亮的棕红色，眼睛则是鲜艳的橙色。雌性旅鸽外形不太起眼，体色是柔和的灰色。

# 笑鸮

英文名：Laughing Owl　学名：*Sceloglaux albifacies*

分类：鸟纲 鸮形目 鸱鸮科　灭绝时间：1914 年

分布：新西兰　全长：约 40cm

地图

# 回响在夜晚森林里的奇怪笑声

　　新西兰分为北岛和南岛，在这两个岛上，分别栖息着一种笑鸮的亚种。笑鸮的名字来源于它奇怪的叫声，关于它叫声的描述有很多，比如"阴森的惨叫声""从远处传来的男人的喊叫""阴沉的嘲笑声"，等等。笑鸮体长约40cm，身上有深棕色和乳白色的花纹。

　　笑鸮灭绝的原因主要是外来物种的入侵。为了消灭穴兔，移民们将林鼬和白鼬引入了新西兰，结果笑鸮也成了它们的盘中餐。还有欧洲船只带过来的肉食性老鼠，也会吃笑鸮的蛋和雏鸟。

　　因为叫声特殊，笑鸮还被当成稀有的宠物而遭到滥捕。外来物种的袭击加之人类的捕杀，它们的数量越来越少。1890年，北岛的笑鸮完全消失。1914年是人类最后一次目击到南岛笑鸮。之后，森林里就再也听不见这种奇怪的笑声了。

## MORE DETAILS ·····························

笑鸮的翅膀很短，腿却很长，这种体形不适合飞行。所以它一般是在低矮的树枝上伏击猎物，捉到猎物后直接在地上进食。笑鸮的主要食物是草食性老鼠或穴兔。

## 卡罗来纳长尾鹦鹉

英文名：Carolina Parakeet　　学名：*Conuropsis carolinensis*

分类：鸟纲 鹦形目 鹦鹉科　　灭绝时间：1918 年

分布：北美东部　　全长：约 30cm

地图

# 羽毛被做成帽饰的北美鹦鹉

　　大多数鹦鹉生活在亚热带地区。而卡罗来纳长尾鹦鹉是唯一一种栖息在北美大陆上的特有品种。虽然它的数量不及同为特有品种的旅鸽（p84），但也曾繁荣一时，以前在北美的森林里经常可以听到它们聒噪的叫声。

　　卡罗来纳长尾鹦鹉主要生活在河流附近的森林里。它们白天出去觅食，晚上则躲到树洞里睡觉，生活规律而充实。到了十九世纪，悲剧开始上演。当时美国处于拓荒时期，森林遭到过度开发，卡罗来纳长尾鹦鹉的栖息地也日渐萎缩。最不幸的是，卡罗来纳长尾鹦鹉非常喜欢吃水果。它们成群结队地聚集在开拓者的果园里，吃光了里面的水果。这个行为惹怒了开拓者，他们开始拿着霰弹枪大肆猎杀卡罗来纳长尾鹦鹉。

　　遭到猎杀后，它的肉被人食用，漂亮的羽毛则变成了帽子上的装饰。没过多久，卡罗来纳长尾鹦鹉数量骤减。1904 年野生种消失，1918 年 9 月饲养在辛辛那提动物园的最后一只雄鹦鹉（名叫 Incas）停止了呼吸。而四年前，旅鸽也是在这一个动物园中宣告灭绝的。

## MORE DETAILS

鹦形目下有凤头鹦鹉科和鹦鹉科两个科，凤头鹦鹉科的鸟类羽毛一般是单色的（白色或灰色），而鹦鹉科的鸟类则是五彩缤纷的。比如卡罗来纳长尾鹦鹉，它的头部橙黄相间，脖子下面是鲜艳的绿色。

# 乐园鹦鹉

英文名：Paradise Parrot　学名：*Psephotus pulcherrimus*

分类：鸟纲 鹦形目 鹦鹉科　灭绝时间：1927 年

分布：澳大利亚昆士兰州　全长：约 30cm

地图

# 美丽引发的悲剧

"看到它那美丽优雅的身姿，无论谁都想据为己有——"

某个研究者曾如此评价乐园鹦鹉。

乐园鹦鹉生活在澳大利亚东部的草原地带，它长着五彩缤纷的羽毛，而且性格非常亲人。十九世纪的英国很流行将它当作宠物，于是乐园鹦鹉遭到滥捕。

但是，乐园鹦鹉有在蚁丘上打洞筑巢的奇特习性，所以很难在室内饲养。那些千里迢迢被运到英国的乐园鹦鹉都相继死去。

因滥捕和栖息地遭到破坏，乐园鹦鹉的数量骤减。到了二十世纪初，就几乎看不到它们了。确认生存的最后一对乐园鹦鹉，也于 1927 年的某天，把蛋留在巢穴中，然后消失不见了。

也许，乐园鹦鹉是去寻找属于它们自己的乐园了。

**MORE DETAILS** ·······················

乐园鹦鹉的额头是红色的，翅膀上也有大片红色斑点。它的头部和胸部呈蓝绿色，尾羽则是蓝色的。澳大利亚还有金肩鹦鹉和异色金肩鹦鹉两种跟乐园鹦鹉长得很像的近缘种，它们也都有在蚁丘上筑巢的习性。

# 新英格兰黑琴鸡

**英文名：** Heath Hen　　**学名：** *Tympanuchus cupido cupido*

**分类：** 鸟纲 鸡形目 雉科　　**灭绝时间：** 1932 年

**分布：** 美国新英格兰地区　　**全长：** 约 40cm

地图

# 不走运的草原松鸡

在日本被誉为"特别天然纪念物"的岩雷鸟（别名雪鸡，与新英格兰黑琴鸡属于同一科）只栖息在高山地带。但北美的草原松鸡，却是随处可见。

北美松鸡体长约 40cm，雄性脖子两侧有气囊，到了繁殖期就会使劲摆动气囊来吸引雌性。栖息在新英格兰地区的北美松鸡被称为新英格兰黑琴鸡，它还有个别名叫"石南鸡（Heath Hen）"。

新英格兰黑琴鸡被移民们当成食物大肆猎杀。雌性黑琴鸡孵蛋时不会离开巢穴，只要利用这个习性，就能轻而易举地捕杀它们。

1870 年，美国本土的新英格兰黑琴鸡宣告灭绝，只有马萨诸塞州的小岛上还存活着一些。1907 年调查时，岛上也只剩下七十七只。这时人们意识到了问题的严重性，开始保护新英格兰黑琴鸡。1916 年，它的总数恢复到两千只。但好景不长，这一年新英格兰黑琴鸡在繁殖期遭遇了一场大火，导致大部分雌性死亡。再加之冬季异常的寒流和传染病，新英格兰黑琴鸡的数量再次骤减。到了 1932 年 11 月，最后一只新英格兰黑琴鸡也死亡了。

**MORE DETAILS** ·····························

最后一只新英格兰黑琴鸡是雄性，名叫 Booming Ben。据说，只要到了喜欢的地方，它就会摆动脖子两侧的橙色气囊，做出求偶的动作。也许它一直坚信，能接受它求爱的雌性总有一天会出现吧。

*Check*

# 粉头鸭

**英文名：**Pink-Headed Duck　**学名：***Rhodonessa caryophyllacea*

**分类：**鸟纲 雁形目 鸭科　**灭绝时间：**1940 年

**分布：**印度、尼泊尔、缅甸　**全长：**约 60cm

地图

# 深受喜爱的粉色，是罪恶的颜色

　　粉头鸭是一种生活在印度的美丽鸭子。它的身体呈深褐色，脑袋和脖子是鲜艳的粉色，翅膀内侧也是粉色的。在它飞行时，深褐色和粉色交相辉映，看起来好似一幅让人赏心悦目的画作。

　　粉头鸭的主要栖息地是恒河北部的湿地。那里有很多老虎和鳄鱼，人类轻易不敢涉足，所以它们一直过着安静祥和的生活。但后来人类开始开发水田，狩猎者也蜂拥而至。粉头鸭不但被当成食物猎杀，还被抓去当宠物。当时饲养粉头鸭在印度成为一种风潮，所以它经常被高价买卖。失去栖息地后，粉头鸭本来就所剩无几，再加之人类的捕杀，导致它的数量骤减。

　　在印度，人类最后一次目击粉头鸭是 1935 年的事，而尼泊尔的粉头鸭早在十九世纪就已经灭绝了。本来欧洲的动物园中还饲养着一些粉头鸭，但也在第二次世界大战中死亡了。

## MORE DETAILS ·······························

与其他稀有动物一样，粉头鸭也被运到了欧洲。但是某个动物园园长见到他心心念念的粉头鸭时，竟然大失所望。因为真实的粉头鸭跟他想象的不同，只有头部是"玫瑰粉"的，而且颜色还很淡。

## 关岛狐蝠

英文名：Guam Flying Fox　学名：*Pteropus tokudae*

分类：哺乳纲 翼手目 狐蝠科　灭绝时间：1968 年

分布：关岛　翼展：1～2m

地图

# 罪孽深重的著名美食

　　关岛位于西太平洋马里亚纳群岛的最南端。以前关岛上栖息着一种狐蝠。它翼展可达 1～2m，白天倒挂在树枝上睡觉，晚上飞到各处找水果和花蜜吃。其实关岛狐蝠跟其他狐蝠没什么区别，也没有标志性的特征，唯一特殊的就是，它是被人类吃到灭绝的。

　　狐蝠也被称为"水果蝙蝠"，在亚洲、大洋洲和非洲等地都是很普通的食材。关岛的原住民查莫罗人一直食用狐蝠，但他们吃的量可谓微乎其微。二十世纪六十年代后，关岛发展成观光胜地，狐蝠料理也作为当地的著名美食而广受追捧。自此人类便开始大肆捕杀关岛狐蝠。到 1968 年，最后一只关岛狐蝠被击落，并做成料理端上了餐桌。时至今日，关岛还盛行着狐蝠料理，但可以肯定的是，那一定不是关岛狐蝠了。

**MORE DETAILS** ························································

提起蝙蝠，人们很容易联想到"吸血鬼""邪恶"。但其实狐蝠长着圆溜溜的大眼睛，是一种非常可爱的生物。它们飞行时主要依靠视觉，所以眼睛非常发达，耳朵则相对较小。

第 3 章

LAND ANIMALS

陆生生物

# 古马陆

英文名：Arthropleura　学名：*Arthropleura*

**分类**：节肢动物门 节胸科

**生存时间**：石炭纪（3 亿 5920 万年前～ 2 亿 9900 万年前）

**分布**：北美　**全长**：2 ～ 3m

地图

# 长达三米的古代蜈蚣

　　大约 3 亿年前的石炭纪，陆地上生长着很多鳞木（p167）之类的巨大蕨类植物，形成了茂密幽深的森林。后来这些森林因地质运动被埋到地下，变成了煤炭，这个时代因此得名"石炭纪"。

　　古马陆是栖息在幽深森林中的超巨型多足动物，它与蜈蚣和马陆是近亲，体长 2 ～ 3m，宽度可达 45cm。

　　古马陆的体重应该也很重。它在地上爬行时会留下很深的痕迹，这些痕迹保留下来变成了现在我们见到的化石。

　　在古生代巨大化的节肢动物中，古马陆与广翅鲎类不相上下，都属于最大级别的。它的身体有二十多个体节，每个体节上都长着一对足。

　　进入下一个时代二叠纪后，地球开始寒冷化，蕨类植物形成的森林慢慢消亡，古马陆也跟着消失了。

**MORE DETAILS** ·······························································

蜈蚣是吃昆虫的肉食性生物，而马陆则是食腐性的。从颌部的构造来看，古马陆更接近马陆。虽然看上去没有被咬的危险，但它仍然是人类不想碰到的生物之一。

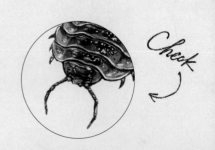

## 杯鼻龙

英文名：Cotylorhynchus　学名：*Cotylorhynchus*

**分类**：合弓纲 盘龙目 卡色龙科

**生存时间**：二叠纪（2 亿 9900 万年前～ 2 亿 5100 万年前）

**分布**：北美　**全长**：3.6 ～ 3.8m

地图

# 脑袋小身子大的大型单孔类

大大的身体配上小小的脑袋，看起来像不协调的蜥蜴，不过杯鼻龙并不是爬行类，而是哺乳类的祖先——单孔类。

杯鼻龙生活在约 2 亿 8000 万年前的二叠纪前期。它体长约 4m，体重约 2t，是当时最大的陆生生物。杯鼻龙是草食性的，它吃下的植物会在木桶般的身体里发酵，然后被消化。

古生代末期，陆地上最繁荣的是单孔类，其中比较有名的是长有背帆的异齿龙。以前，人们一直以为哺乳类是由爬行类进化而来的，还创造出了"哺乳类型爬行类"这样的名词。但现在科学家们给出的定论是：哺乳类的祖先"单孔类"和爬行类的祖先"蜥形类"是同时从两栖类进化而来的。

大约 2 亿 5100 万年前的二叠纪末，发生了地球史上最大规模的大灭绝。当时全部生物的 90% ~ 95% 都灭绝了，大型单孔类也随之消失于世。后来的中生代是恐龙的天下，幸存下来的单孔类都朝着小型哺乳类的方向进化，然后在漫长的岁月中静待时机到来。

**MORE DETAILS** ·······································

单孔类的"孔"是指头骨侧面为让肌肉通过而开的孔。单孔类的头骨上左右各有一孔，据说人类的太阳穴就是这个孔演变而来的。恐龙和鸟类属于蜥形类，它们的头骨两侧分别有两个孔，所以又被称为"双孔类"。

霸王龙

地图

英文名：Tyrannosaurus　学名：*Tyrannosaurus*

分类：爬行纲 蜥臀目 暴龙科

生存时间：白垩纪末期（6850 万年前～ 6550 万年前）

分布：北美　全长：11 ～ 13m

# 长着羽毛的"恐龙之王"

　　霸王龙被誉为"恐龙之王"，它体长 11～13m，推测体重为 6t，是史上最大的陆生肉食动物。

　　霸王龙的脑袋非常大，拥有能嚼碎猎物骨头的强劲颌骨，还有长而尖利的牙齿。为了支撑巨大的身体，霸王龙的后腿很粗壮，仅脚背高度就能达到 1m 左右。霸王龙的身体一直处于前倾状态，奔跑时最高时速可达 30km。它的眼睛一直目视前方，嗅觉也很灵敏，可以说是非常优秀的猎手。也许是为了跟巨大的头部取得平衡，霸王龙的前肢小得惊人，而且只有两根指头。但据推测它的前肢也很有力，甚至能一下撕碎猎物。

　　霸王龙学名的意思是"残暴的蜥蜴王"。在中生代白垩纪后期（大约6850 万年前～6550 万年前）的三百多万年间，它一直统治着整片大陆。然而，在白垩纪末的大灭绝中，它也跟其他恐龙一起灭绝了。

　　在电影《侏罗纪公园》中登场的霸王龙和迅猛龙都属于兽脚类。最新研究表明，兽脚类身上长着羽毛，而现在的鸟类，就是在大灭绝中幸存的兽脚类的后代。

## MORE DETAILS ·········································

近些年，学者们在中国出土的霸王龙化石上发现了羽毛的痕迹。很多新的复原图上，霸王龙的头顶上都长着鬃毛一样的羽毛。而且，有人认为霸王龙会用短小的前肢跳求爱舞，因为鸟类的翅膀也有类似的用法。

Check

## 冠齿兽

英文名：Coryphodon　学名：*Coryphodon*

分类：哺乳纲 全齿目 冠齿兽科

生存时间：古新世后期至始新世前期（5950 万年前～ 4860 万年前）

分布：南北美、中国　全长：2 ～ 2.5m

地图

# 外形像河马的笨蛋

中生代结束后，恐龙灭绝，地球迎来了新生代。刚开始，陆地上遍布着以冠恐鸟（p64）为代表的恐鸟，还有其他大小各异的鸟类，但这种情况只持续了很短一段时间。没过多久，在恐龙时代默默存活下来的哺乳类开始了爆发式的进化。其中，最先繁荣起来的大型哺乳类，就是冠齿兽这类全齿目动物。

冠齿兽是新生代古新世后期到始新世中期（5950万年前～4860万年前）生活在东亚和北美的动物。2004年，人们在日本熊本县天草市发现了保存完整的冠齿兽头骨化石。它体长2～2.5m，体重可达300kg，在当时是陆地上最大的生物。冠齿兽的体形很像倭河马，上颌长着尖利的犬齿，它应该就是用这些犬齿来挖水边的草吃的。

全齿目的脑部普遍比其他哺乳类小，这是它们的特征之一。冠齿兽的灭绝大概也是因为败给了哺乳类的后起之秀吧。而且不但它自己灭绝了，现在地球上也没有留下它的子孙后代。

**MORE DETAILS** ·····························································

全齿目的生物拥有各种各样的牙齿，在这些牙齿中大臼齿比较发达，所以一般认为它们大多以植物为食。全齿目在日本也被称为"泛齿目"。

# 泰坦巨蟒

**英文名**：Titanoboa　**学名**：*Titanoboa*

**分类**：爬行纲 有鳞目 蚺科

**生存时间**：古新世（6550 万年前～ 5500 万年前）

**分布**：哥伦比亚　**全长**：11 ～ 13m

地图

# 能一口吞下鳄鱼的巨大蟒蛇

2009 年，人们在南美的哥伦比亚发现了泰坦巨蟒的化石。它是目前已知蛇类中体形最大的——体长约 13m，体围 3m，体重约为 1t。现生蛇类中最大的是水蚺，体长为 9m，泰坦巨蟒比它还大很多。泰坦巨蟒学名的意思是"巨大的蟒蛇"，确实名副其实。它生活在新生代初期的古新世（约 6500 万年前～5500 万年前），主要栖息在亚马孙河周边。据推测当时的气候比现在温暖，泰坦巨蟒能进化得如此巨大，应该与气候有关。

在出土泰坦巨蟒的地层中，也发现了巨型古代鳄鱼的化石。与泰坦巨蟒同属蚺科的水蚺，一般会在水中伏击猎物，有时还会一口吞下凶猛的鳄鱼。与泰坦巨蟒同时出土的古代鳄鱼身长约 6m，它应该也是泰坦巨蟒血盆大口下的牺牲品吧。

如果泰坦巨蟒和中生代的王者霸王龙（p104）"打起来"，究竟谁输谁赢？美国的史密森尼博物馆曾做过一个模拟对决的影像，结果是泰坦巨蟒以压倒性优势获胜——它能用巨大的身体将猎物紧紧缠住，即便是霸王龙也动弹不得。

## MORE DETAILS ·····················································

蛇是四肢退化的爬行动物。关于退化的原因目前还没有定论，主要有水中进化和地底进化这两种学说。另外，蛇的眼睛上覆盖着一层透明的膜，所以它们是不会眨眼的，这一点看起来很神秘。

# 安氏中兽

**英文名**：Andrewsarchus　**学名**：*Andrewsarchus*

**分类**：哺乳纲 偶蹄目 三尖中兽科（未确定）

**生存时间**：始新世中期（4500 万年前～ 3600 万年前）

**分布**：蒙古　**全长**：约 3.8m

地图

# 史上最大的头骨化石

　　在大约4500万年前～3600万年前的新生代始新世，鲸类的祖先正要从陆地回归大海。该时期陆生的肉食哺乳类中，有一种长着史上最大颌骨的迷之生物，它就是安氏中兽。

　　在蒙古戈壁沙漠上发现的化石，是一块没有下颌的头骨。它整体的外形和生态都不明，只能推测出它"体长382cm、高190cm，是中兽的近缘种"。

　　这块头骨长83cm、宽56cm，比现生的熊和狮子等猛兽的头骨大很多。但从体形来看，它应该不是动作敏捷的捕猎者。也许它是像鬣狗一样的食腐动物，或是什么都吃的杂食动物。它也可能是生活在水边，用强有力的下颌咬碎乌龟或贝类的壳后食用它们的肉。后来气候变化，陆地变得越来越干燥，安氏中兽就灭绝了。也有人认为它是因为败给了其他肉食兽才灭绝的。

**MORE DETAILS** ··········································

安氏中兽长着又大又尖的牙齿，但牙齿的形状与现生肉食兽不同，所以无法用来撕碎猎物的肉。除了尖牙，安氏中兽还长着坚固的臼齿，这些牙齿更适合用来"嚼碎"东西。

*Check*

# 砂犷兽

英文名：Chalicotherium　　学名：*Chalicotherium*

分类：哺乳纲 奇蹄目 爪兽科

生存时间：中新世（2300 万年前～ 500 万年前）

分布：日本、北美、欧洲　全长：约 2m

地图

# 长着马脸、用关节行走的动物

　　大约 2000 万年前，欧亚大陆的森林里栖息着一种奇妙的生物，它的名字叫砂犷兽。砂犷兽全长 2m，高 1.8m 左右，脸很像马，但前肢却比后肢长很多，因而背部是倾斜的。

　　砂犷兽与马和犀牛同属"奇蹄目"。不过它的前肢并不是蹄子，而是尖利的钩爪。走路时它会将钩爪弯起来，像大猩猩一样用关节行走。奇蹄目原本有很多科属，是非常繁荣的族群，如今却只剩下马科、貘科和犀科这三个科。砂犷兽也没留下子孙后代就灭绝了。当时气候越来越寒冷，导致森林面积缩小，草原面积扩大。砂犷兽应该是没能适应这种环境变化吧。

　　之前日本发现了一块 1800 万年前的大腿骨化石，人们一直以为是犀牛的，到 2016 年才明确是砂犷兽的。看来砂犷兽的生活范围，比人类想象的广阔很多呢。

## MORE DETAILS

砂犷兽生活在森林里，最喜欢的食物是柔软的树叶。它会抓住树干，用两条后腿站立，然后伸出长着钩爪的前肢把树叶钩下来吃。这对尖利的钩爪应该也能起到防身的作用。虽然属于完全不同的类目，但它的体形和生态都与大地懒（p130）很像。

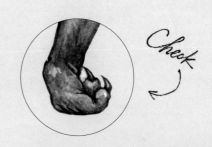

# 铲齿象

英文名：Platybelodon　学名：*Platybelodon*

分类：哺乳纲 长鼻目 嵌齿象科

生存时间：中新世（2300 万年前 ～ 500 万年前）

分布：欧洲、北美、非洲　全长：约 4m

地图

# 脸上长着铲子的奇怪大象

　　现存的大象只有非洲象、非洲森林象和亚洲象这三种。但在很久以前，除了南极和澳大利亚，其余的大陆上都生活着各种各样的大象。这些大象中，外形最奇怪的当属铲齿象。铲齿象生活在中新世（2300万年前～500万年前），它最大的特征就是长长的下颌。下颌前端长着两根像铲子一样的牙齿，铲齿象就是用它们将植物连根铲起后吃掉的。

　　铲齿象肩高1.7m左右，在大象里是比较小型的，它的鼻子也不是很长。但是由于下颌发达，它的头骨最长可达1.8m。

　　在漫长的岁月中，大象的鼻子进化得越来越发达，也开始有各种各样的用途。像铲齿象这样较原始的大象就慢慢消失于世了。

**MORE DETAILS** ·······························································

大象的象牙是由门齿发展而来的。铲齿象下颌的牙是长方形的，而且是两颗并排生长。它上颌的牙比其他象小一些，但也是细长且外露的。

Check

# 南方古猿

地图

英文名：Australopithecus　学名：*Australopithecus*

分类：哺乳纲 灵长目 人科

生存时间：上新世（420 万年前～ 230 万年前）

分布：非洲南部、东部　身高：1 ～ 1.4m

# 站起来！要站起来呀，露西！

　　600万年前，人类的祖先从与黑猩猩共同的祖先中分支出来。它们舍弃了森林，迁徙到非洲东部和南部的热带草原上生活。随后，它们开始用两条腿直立行走，大脑也急速进化。

　　南方古猿是猿类向现代人过渡的中间类型。1924年，人们在南非的塔翁地区发现了它的化石。

　　它主要生活在420万年前～230万年前的上新世，身高约为120cm，脑容量是现代人的1/3。它的牙齿和骨骼等已经具有人类的特征，而且后期似乎也开始使用石器。到了1974年，人们在埃塞俄比亚发现了著名的"露西（Lucy）"，这是一具拥有40%全身骨骼的女性化石。学者们通过她证实了"直立行走能扩大脑容量"这个假说。顺带一提，她的名字来源于当时调查队正在听的一首披头士的歌。

　　南方古猿学名的意思是"南方的猿猴"。在很长一段时间内，它都被认为是"最古老的人类"。

## MORE DETAILS ·····························

现在有新的学说认为，700万年前～600万年前生活在非洲中部的乍得沙赫人，才是拥有人类特征的最古老的人科动物。它被爱称为"图迈"，这个词在当地语言中是"生命的希望"之意。

## 后弓兽

**英文名：** Macrauchenia　**学名：** *Macrauchenia*

**分类：** 哺乳纲 滑距骨目 后弓兽科

**生存时间：** 中新世末期～更新世末期（700 万年前～ 2 万年前）

**分布：** 南美　**全长：** 约 3m

# 让达尔文烦恼不已的奇妙生物

　　"这是迄今为止发现的最奇妙的动物。"查尔斯·达尔文乘坐"小猎犬"号到南美调查时，发现了一个让他百思不得其解的化石，这就是后弓兽。达尔文无法将后弓兽分类到现存的任何一个种属内，这一点启发了他，也是之后促使他撰写《物种起源》的契机。

　　后弓兽是700万年前～2万年前，生活在南美大陆上的草食哺乳类。它的体形类似骆驼，脖子像长颈鹿一样长，还长着能自由活动的长鼻子。

　　1亿多年前，南美洲还是一个孤立的大陆，那里的很多哺乳类都朝着独特的方向进化。后弓兽所属的滑距骨目就是其中之一。但是300万年前，北美洲和南美洲经由巴拿马海峡连接到了一起。当初与世无争的乐园不复存在，导致大多数南美特有的动物都消失了。后弓兽虽然侥幸存活下来，但也在2万年前灭绝了。当时人类已经进入南美，后弓兽的灭绝也许与此有关。

## MORE DETAILS ··············································

后弓兽最显著的特点就是它的鼻子。它的鼻子与大象一样位于头骨较高的位置，虽然长度不及象鼻，但应该跟貘的鼻子差不多。据推测后弓兽的鼻子非常灵活，如果进入动物园，它应该会很受欢迎吧。

Check

## 长角野牛

**英文名：** Giant Bison　**学名：** *Bison latifrons*

**分类：** 哺乳纲 偶蹄目 牛科

**生存时间：** 更新世后期（180 万年前～ 1 万年前）

**分布：** 北美　**全长：** 4 ～ 5m

地图

# 角间距可超两米！肌肉发达的野牛

　　大约 180 万年前～1 万年前，北美栖息着一种巨型野牛，它在牛科哺乳类中是体形最大的。长角野牛肩高 2.3m，体长 4.8m，比现生的美洲野牛大很多。它两只角之间的距离有时能超过 2m，是美洲野牛角间距的两倍。它扬起角向前冲刺的场面，应该很惊心动魄吧。

　　美洲野牛一般栖息在草原上，但长角野牛栖息在森林里，以树叶为食。有关它灭绝的原因，学者们猜测是气候寒冷导致森林面积缩小，它在之后的生存竞争中输给了更适应这种环境的现生种。

　　在生存竞争中赢了长角野牛的美洲野牛，也在十九世纪遭遇了一场劫难。当时美洲西部的拓荒运动刚刚开始，为了让当地的印第安人放弃抵抗，美国人试图消灭他们最重要的生活资源——美洲野牛。不过现在，美洲野牛受到了严格的保护，已经摆脱灭绝厄运了。

## MORE DETAILS ·································

野牛在美国被称为"buffalo"。Buffalo 的原意是水牛，这其实是一种误称，但从发音上似乎还是 buffalo 更有气势一些。现在美洲野牛已经被指定为美国的国兽了。

Check

## 刃齿虎

英文名: Smilodon　学名: *Smilodon*

分类: 哺乳纲 食肉目 猫科

生存时间: 更新世（258 万年前～1 万年前）

分布: 南北美　全长: 约 2m

地图

# 牙齿像刀刃一般的古代老虎

在已灭绝的哺乳动物中，最有名的当属猛犸象和剑齿虎。剑齿虎不是指单独一种，而是指大型猫科动物进化中的一个旁支。其中最具代表性的，就是250万年前～1万年前生活在南北美大陆上的刃齿虎。

刃齿虎体长2m左右，整体体形与老虎、狮子等大型猫科动物相似。它的最大特征就是那对像刀刃一样的尖牙。刃齿虎颌骨的关节能张至120°以上，它的前腿也很有力，捕猎时可以牢牢地压住猎物。

不过，刃齿虎虽然外形很吓人，却不一定是优秀的捕猎者。它的四肢较短，跑起来应该不会很快。所以有学者推测它不会主动追击猎物，而是躲在某处伏击猎物。

为了逃命，草食动物奔跑的速度越来越快，后来又出现了美洲豹和美洲狮这样动作敏捷的猫科肉食兽，刃齿虎因此很快走向了衰亡。

**MORE DETAILS** ·······························································

刃齿虎学名的意思是"刀刃般的牙齿"。它的上颌长着长达24cm的犬齿。据推测，刃齿虎会用这对尖牙刺穿猛犸象、野牛等大型动物身上比较柔软的部位，让它们流血至死。

# 猛犸象

**英文名：** Woolly Mammoth　　**学名：** *Mammuthus primigenius*

**分类：** 哺乳纲 长鼻目 象科

**生存时间：** 上新世早期～更新世后期（500 万年前～ 1 万年前）

**分布：** 西伯利亚、北美　　**全长：** 约 5.4m

# 被人类追杀的长毛象

猛犸象属在 500 万年前诞生，它们广泛地栖息于亚洲、欧洲、南北美洲等地区，而且种类很多。体形最大的猛犸象肩高可达 4.8m，比肩高 4m 的现生非洲象大很多。一般提到猛犸象，大家首先会想到长着长毛和巨大象牙的形象，它就是毛猛犸象（Woolly Mammoth）。这种猛犸象生活在被大雪覆盖的西伯利亚，别名"长毛象"。它的肩高只有 2.7 ～ 3.5m，体形比非洲象要小一些。

而生活在南北美洲的猛犸象普遍都是短毛的。有些生活在小岛上的品种，甚至进化成体高仅 1m 左右的小型象。

猛犸象是在 1 万年前到几千年前才灭绝的。关于它灭绝的原因有多种说法，其中之一是人类的捕杀。因为人们发现了被长枪刺中的猛犸象化石，还有用猛犸象象牙做成的古代房子。

人们在日本也发现了毛猛犸象的化石。据说当时猎杀猛犸象的猎人（旧石器时代的人类）跟着它们一起来到了日本。

**MORE DETAILS** ......................................................

毛猛犸象的耳朵比现生大象的耳朵小，主要是为了保温。猛犸象最大的特征是又长又弯的象牙，但这对牙并不是武器，而是铲积雪用的。

# 披毛犀

**英文名：** Woolly Rhinoceros　**学名：** *Coelodonta antiquitatis*

**分类：** 哺乳纲 奇蹄目 犀科

**生存时间：** 更新世后期（180 万年前～ 1 万年前）

**分布：** 西伯利亚、北美　**全长：** 约 4m

地图

# 猛犸象的忠实朋友

　　新生代第四纪从 258 万年前延续至今。冰河期的冰川将陆地连接在一起，动物们的活动范围也随之扩大了。当时，从欧亚大陆到北美大陆形成了一片被称为 Mammoth Step 的大草原。人类也开始向各种不同的地区迁徙。

　　披毛犀与猛犸象（p124）、大角鹿都是冰河期的代表性动物。它全长 4m，体重 3 ～ 4t，拥有强劲的四肢和坚硬的角，全身长满长毛。它与毛猛犸象的化石是在同一个地点发现的，所以被称为"猛犸象的忠实朋友"。

　　这个时代的人类被称为"猛犸象猎人（Mammoth Hunter）"，可见他们狩猎技术的发达。欧亚大陆的大型动物基本都是在 3 万年前～ 1 万年前灭绝的，披毛犀也是在这一时期消失了踪影。古代人类在洞穴中画了很多有关披毛犀的壁画，也许是为了对狩猎对象表示崇敬和感谢吧。

**MORE DETAILS** ·················································

披毛犀与现生的黑犀和白犀一样，头上长着两只角。这两只角非常巨大，特别是位于前方的角，最长可达 1m。披毛犀用这只角和蹄子铲掉地上的雪，然后吃下面的草。

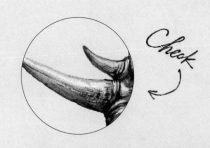

*Check*

# 雕齿兽

**英文名**：Glyptodon　**学名**：*Glyptodon*

**分类**：哺乳纲 有甲目 雕齿兽科

**生存时间**：更新世（258 万年前～ 1 万年前）

**分布**：南美　**全长**：1 ～ 3m

地图

# 毫无破绽的铁壁防御

雕齿兽背上长着圆形的硬壳，虽然外形像陆龟，但它其实是哺乳动物。雕齿兽生活在南美洲，体形巨大，体长可达 3m，高可达 1.3m。古生物学家给它起了个外号，叫"哺乳类乌龟"。它以植物为食，动作迟缓，但外壳坚硬无比，连同时代最强的捕食者剑齿虎都咬不动它的壳。雕齿兽头上也长着像帽子一样的甲壳，而它又长又粗的尾巴上布满带刺的鳞，可以用来反击敌人。

大约 300 万年前，南北美洲经由巴拿马海峡连接在了一起，导致南美洲的很多特有物种都灭绝了。但号称拥有铜墙铁壁般防御力的雕齿兽，曾经像大地懒（p130）一样深入到北美洲南部。

然而从 1 万多年前、人类向南美洲进军时开始，雕齿兽的命运就急转直下。它的壳既能制成作战用的盾牌，又可以做成工具，对人类来说是非常有用的资源，于是人类便开始大肆捕杀它。

## MORE DETAILS ·······································

雕齿兽的壳是由很多个五边形小骨板组成的。这些骨板的厚度可达 2cm。但是它的壳不像犰狳一样有接缝，所以它无法将身体蜷成一团。雕齿兽会像乌龟那样用腹部紧贴地面、将四肢收进壳里来保护自己。

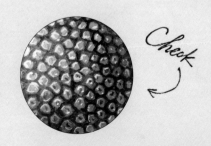

Check

# 大地懒

英文名：Megatherium　学名：*Megatherium*

分类：哺乳纲 披毛目 大地懒科

生存时间：更新世后期（180 万年前～ 1 万年前）

分布：南美　全长：6 ～ 8m

地图

# 像房子一样大的巨型地懒

　　大地懒是大约 180 万年前～ 1 万年前生活在南美的巨型地懒。它与树懒是近亲，但现生的树懒一般栖息在树上，而且大小跟猴子差不多。大地懒则栖息在陆地上，它的体长最大可达 8m，体重可达 3t。它用后腿站立时，身高比非洲象还高。

　　大地懒的前肢长着很大的钩爪，四足行走时会手背着地，用关节行走（knuckle-walking）的方式移动。

　　300 万年前巴拿马海峡形成时，很多南美洲的特有物种都灭绝了。但大地懒却适应了当时的环境，而且还深入北美。它不仅体形巨大，长毛下还长着硬质的皮肤。强大到这种程度，应该连刃齿虎（p122）也不敢轻易出手吧。

　　然而大约 2 万年前，人类来到了美洲大陆。动作迟缓的大地懒成了他们最理想的猎物。在美洲印第安人中流传着一个遭遇巨型生物的传说，传说中对这种巨型生物的描述与大地懒很像。

## MORE DETAILS ·······················································

人们仔细研究了大地懒皮肤和体毛的化石，发现它皮肤下覆盖着一层粒子状的骨板，看起来很像锁子甲。而雕齿兽（p128）身上的骨板比大地懒更发达，简直像穿着一层铠甲。

Check

# 双门齿兽

**英文名：** Diprotodon  **学名：** *Diprotodon*

**分类：** 哺乳纲 双门齿目 双门齿科

**生存时间：** 更新世后期（180 万年前～ 1 万年前）

**分布：** 澳大利亚  **全长：** 约 3.3m

地图

# 体形巨大的大猩猩祖先

　　双门齿兽是 180 万年前～ 1 万年前生活在澳大利亚的巨大有袋类。它体长超过 3m，体重约为 3t，是有袋类中体形最大的。双门齿兽四肢较短，身体胖墩墩的，外形与熊很像。但其实它性格温顺，是食草动物，而且是大猩猩和袋熊的祖先。

　　除了双门齿兽，澳大利亚原本还有体长 3m 的袋鼠和长着尖牙的袋狮等大型有袋类。不过，它们都在同一时期消失了。大约 47000 年前，从非洲诞生的人类第一次踏上澳大利亚的土地，他们就是澳洲原住民的祖先。这些人还将狩猎犬（之后野化变成澳洲野狗）也带到了澳洲。

　　虽然原因尚不明确，但澳洲的大型有袋类相继灭绝，人类应该是脱不了干系的。

**MORE DETAILS** ·······································

双门齿兽的头骨差不多有 70cm，它的鼻腔很大，所以脸型跟树袋熊很像。它的嗅觉非常灵敏，平时会用平坦的前齿吃植物的根等。

## 巨狐猴

英文名：Megaladapis　学名：*Megaladapis*

分类：哺乳纲 灵长目 狐猴科　灭绝时间：16 世纪

分布：马达加斯加岛　全长：约 1.5m

地图

# 体形像大猩猩的狐猴

巨狐猴生活在印度洋的马达加斯加岛上，是狐猴的一种。它体形巨大，全长约为 1.5m，推测体重为 100kg，比现生种中最大的大狐猴还要大很多。

狐猴在灵长目中算是比较原始的猴子。在没有竞争对手的马达加斯加岛上，它们向着各种各样的方向进化，目前存活的大约有五十种。巨狐猴与其他狐猴在外形上有很大区别，它的四肢和尾巴都比较短，像大猩猩。它栖息在树上，主要食物是树叶、水果和花。

2000 多年前，人类来到这座被誉为"狐猴天堂"的岛上，并开始大肆开发森林和狩猎，这些行为导致象鸟（p70）灭绝，巨狐猴也在距今 500 多年前消失了踪影。

十九世纪中期，到访的荷兰人听岛上的村民讲了"像人类一样直立行走的狐猴"的故事。如今，马达加斯加岛仍然流传着不可思议的"兽人"传说。

## MORE DETAILS ·····························

巨狐猴的头骨很大，全长大约 30cm。但是它的大脑很小，所以没有大猩猩和黑猩猩聪明。它的犬齿和臼齿都比较发达，可以嚼碎粗糙的植物。

Check

# 原牛

英文名：Aurochs　学名：*Bos primigenius*

分类：哺乳纲 鲸偶蹄目 牛科　灭绝时间：1627 年

分布：欧洲、北非、亚洲　全长：2.5 ～ 3m

地图

# 出现在拉斯科洞穴壁画中的野牛

在 15000 年前的法国拉斯科洞穴壁画中，有一种长着长角的野牛，它就是原牛。它是现生家畜牛的祖先，因此得名"原牛"。

原牛体长 2.5 ～ 3m，角长达 80cm。雄性身体呈黑色，雌性则呈褐色。在生物学上，它跟家畜牛属于同一物种，学名也完全一样。200 万年前它在南亚进化，在史前时代一直广泛分布于欧亚大陆和北美等地。但因为狩猎和家畜化等，它在公元前就已经从大部分地区消失了。在欧洲，它侥幸存活到中世纪，又被贵族以"禁猎区"的名义圈养起来，沦为了特权阶级狩猎的玩物。1564 年，原牛的数量减少到三十八头。1627 年，最后一只雌性原牛在波兰的森林里死去。

1920 年，德国慕尼黑动物园用接近原种的牛交配，让原牛重获新生。这些牛的体形比原牛略小一些，人们将它命名为"赫克牛（Heck cattle）"。

## MORE DETAILS ··························

原牛的角很有特点，总共有三道弯。首先根部向外伸展，然后向前弯曲，到了尖端又向内侧弯曲。为了支撑这对大角，原牛的额头进化得非常宽。

*Check*

## 南非蓝马羚

英文名：Bluebuck　学名：*Hippotragus leucophaeus*

分类：哺乳纲 鲸偶蹄目 牛科　灭绝时间：19 世纪

分布：南非　全长：约 2m

地图

# 长着蓝色皮毛的羚羊

南非蓝马羚外形很像鹿，但其实是隶属于牛科的羚羊。

它的背部和身体侧面都是富有光泽的美丽青灰色，腹部则呈浅灰色，脖子上有一簇短短的鬃毛，屁股上长着像马尾一样浓密的尾巴。南非蓝马羚是食草动物，它主要栖息在树林之间的开阔平原上，一般雌雄成对活动，有时也会组成小群一起生活。

南非蓝马羚的栖息地非常狭小，本来数量就不多。从十七世纪布尔人（南非的荷兰系移民）迁入开普地区时起，南非蓝马羚的厄运便降临了。因为长着漂亮的皮毛和角，开拓者们不约而同地将枪口对准了它们。更有甚者，竟然将它们当成了狩猎游戏的对象。因大力发展农业和畜牧业，蓝马羚的栖息地被剥夺，而且丝毫没有受到保护，从被发现到消失在地球上只过了短短两百年。

目前世界上只留下了四具南非蓝马羚的剥制标本，有关它的生态人们也知之甚少。

## MORE DETAILS ·······························

雄性蓝马羚的角长 50 ～ 60cm，整体有一个向后方弯曲的弧度。这对角表面有 20 ～ 35 个节，与比利牛斯山羊（p152）的角很像。南非蓝马羚的角比同为马羚属的褐马羚和貂羚的角轻一些。

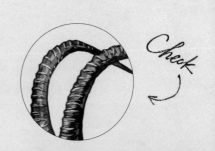

# 斑驴

英文名：Quagga　学名：*Equus quagga quagga*

分类：哺乳纲 奇蹄目 马科　灭绝时间：1883 年

分布：南非共和国　体长：约 2.4m

地图

# 拉马车的半身斑马

　　现在的南非共和国的南部，原本是一片拥有很多特有物种的美丽草原。但自从荷兰东印度公司在非洲殖民后，一场惨烈的生物灭绝风暴就降临到了这片安静祥和的土地上。1652 年，荷兰人开始入驻开普地区，此后这里的大型哺乳类便相继灭绝，斑马的亚种斑驴就是其中之一。

　　斑驴的头部和脖子上长着黑白条纹，后背和臀部则是红褐色的，看上去像"正要变化成斑马的马"。斑驴一般以四十头为单位，组成小群一起生活。它主要以草为生，遭遇天敌时会用咬或踢的方式反击。被称为布尔人的荷兰殖民者很喜欢它的皮毛，他们捕杀斑驴后会留下外面的皮，然后将肉赐给他们奴役的原住民。1861 年，最后一匹野生斑驴被射杀。1883 年，阿姆斯特丹动物园饲养的最后一匹母斑驴死亡。

　　据说，斑驴因为容易驯养，还曾为当时的贵族们拉过马车。

**MORE DETAILS** ⋯⋯⋯⋯⋯⋯⋯⋯⋯⋯⋯⋯⋯⋯⋯⋯⋯

目前，南非方面正试图用平原斑马复活斑驴。平原斑马交配几代后，斑驴的特征越来越明显。现在共繁殖出六头具有斑驴特征的斑马，人们将其命名为"Rau quagga"。按计划等将来繁殖至五十头时，会将它们单独放到一地饲养。

## 加利福尼亚灰熊

英文名：California Golden Bear　学名：*Ursus arctos californicus*

分类：哺乳纲 食肉目 熊科　灭绝时间：1924 年

分布：美国加利福尼亚州　体长：约 3m

地图

# 成为旗标的灰熊

以前北美曾广泛分布着一种大型灰熊，别名"grizzly"。后来这些灰熊的栖息地慢慢缩小，目前除了美国阿拉斯加和加拿大外，美国本土只剩下一千头左右。其中栖息在加利福尼亚的亚种，被称为"加利福尼亚灰熊"。

加利福尼亚灰熊体长可达 3m，体形比其他灰熊稍大一些。它的肌肉非常发达，肩部有一个突出的隆起。

1848 年加利福尼亚发现了金矿，消息传出后开拓者们蜂拥而至。一些灰熊袭击了开拓者的家畜，于是人们开始了大规模的猎熊运动。到十九世纪八十年代，就基本看不见加利福尼亚灰熊了。1924 年是人类最后一次目击到它。

加利福尼亚州州旗上的旗标就是勇猛的加利福尼亚灰熊，但如今旗上的灰熊已不复存在。

**MORE DETAILS** ·····························

加利福尼亚灰熊的爪子由于经常使用，会磨出一些黄色的毛边。但它刚从冬眠中醒来时，爪子却是又尖又长的。加利福尼亚的原住民很喜欢将它的爪子做成项链等装饰品。

*Check*

# 袋狼

英文名：Thylacine　学名：*Thylacinus cynocephalus*

分类：哺乳纲 袋鼬目 袋狼科　灭绝时间：1936 年

分布：澳大利亚塔斯马尼亚岛　体长：1.3 ～ 1.4m

地图

# 让人深恶痛绝的"怪狼"

　　塔斯马尼亚岛位于澳大利亚南部，岛上生活着一种名叫袋狼的神奇生物。它的外形与狼如出一辙，却是同袋鼠和考拉一样的有袋类。

　　袋狼体长超过1m，后半身和尾巴上长着像老虎一样的斑纹，所以又被称为"塔斯马尼亚虎"。它属于夜行性动物，是以小动物为食的肉食兽。

　　澳大利亚本土也曾栖息着袋狼，但它在生态位竞争中输给了人类带来的猎狗（澳洲野狗的祖先），于3000多年前灭绝了。塔斯马尼亚岛上的袋狼虽然幸存了下来，却一直被人们痛恨。十八世纪移民到澳大利亚的欧洲人称它为"家畜公敌"和"可恶的鬣狗"，并且还悬赏捕杀它。

　　最后一头袋狼名叫本杰明，它受到人类的保护，一直被饲养在动物园里。1936年，本杰明死亡，袋狼也宣告灭绝。如今，只有它走动和打哈欠的样子，通过黑白影像永远地保留了下来。

**MORE DETAILS** ·······················

袋狼的脸型和牙齿都跟狼很像。但狼有十六颗门牙，袋狼只有十四颗。袋狼的颌骨像蛇一样分为两段，嘴最大能张到120°。也许，这看起来有些诡异的血盆大口，就是它遭到厌恶的原因。

Check

# 东部小袋鼠

英文名：Eastern Hare-Wallaby　学名：*Lagorchestes leporides*

分类：哺乳纲 有袋目 袋鼠科　灭绝时间：1938 年

分布：澳大利亚南部　体长：约 50cm

地图

# 小小的跳高能手

澳大利亚有很多种袋鼠，其中比较小的被称为沙袋鼠（wallaby）。东部小袋鼠就是沙袋鼠，它耳朵略长，身体总是保持蜷缩前倾，外形看起来很像兔子。它体长约为 50cm，尾巴长 30cm，体毛又长又软，颜色是像野兔一样的灰褐色，它还有一个别名叫"东部野兔鼠"。

东部小袋鼠是夜行性食草动物，一般白天在草丛里睡觉，晚上出来觅食。它的基本习性跟袋鼠差不多，也是用后腿跳跃、在育儿袋里育儿。

以前东部小袋鼠在澳洲东南部的草原很常见，1863 年有关它数量的记录是"还有很多"。但大半世纪后的 1937 年，对它的描述就变成了"濒临灭绝"，之后就很难再见到它的身影了。东部小袋鼠灭绝的主要原因是栖息的草原被开发成牧场或农田，人类带来的猫和狐狸也对它造成了一定的伤害。

## MORE DETAILS ·······························

东部小袋鼠体形虽小，跳跃能力却很强，它一下子能跳出 2.5 ～ 3m 远。据说，沙袋鼠在被狗等动物追赶时，能跳到远远超过人类头顶的高度。

Check

# 豚足袋狸

英文名：Pig-Footed Bandicoot　学名：*Chaeropus ecaudatus*

分类：哺乳纲 袋狸目 豚足袋狸科　灭绝时间：20 世纪 60 年代

分布：澳大利亚南部　体长：23 ～ 25cm

地图

# 长着"猪蹄"的凶暴小动物

　　袋狸是生活在澳大利亚的小型有袋类。它耳朵较长，所以也被称为"袋兔"。袋狸的嘴又细又长，跟鼩鼱很像。它一般在夜间活动，是连昆虫都会吃的杂食动物。觅食时它会用尖嘴挖开土地。袋狸腹部长着育儿袋，但身上也长着不完全的胎盘。豚足袋狸正如其名，长着猪蹄一样的四肢。它只有中间两根脚趾比较发达，所以虽然是爪子，看起来却像蹄子一样。它的尾巴长 10 ~ 14cm，有时甚至会超过体长的一半。豚足袋狸外表看起来很可爱，但其实领地意识特别强，它们经常因此发生纷争，激烈时甚至断尾或死亡。

　　以前澳大利亚开阔的草原和森林里栖息着很多豚足袋狸。但后来因为土地开发，它的栖息地越来越少，到十九世纪时，数量只剩原来的一半。二十世纪六十年代后，就再也没人见过它了。

## MORE DETAILS ·····················································

在日本最有名的袋狸当属小兔形袋狸（Macrotis leucura）。虽然它在二十世纪三十年代就灭绝了，但在九十年代却被包装成卡通形象，在日本儿童节目《Ponkikids》中登场。当时这个卡通形象唱了一首名叫《小兔形袋狸》的童谣，并因此名声大噪。

## 雷蛇

英文名：Round Island Burrowing Boa　　学名：*Bolyeria multocarinata*

分类：爬行纲 有鳞目 岛蚺科　　灭绝时间：1975 年

分布：毛里求斯群岛　　全长：约 1m

地图

# 在"天堂岛"上受难的蛇

　　位于印度洋上的毛里求斯被人们称为"天堂岛"。然而在这美如天堂的岛屿上，却有一种生物因为宗教原因，被逼到走投无路。这种生物就是雷蛇。

　　雷蛇长约 1m，在同类中算是体形比较小的。它一般栖息在椰林里，在堆积的落叶中筑巢。别看雷蛇的名字霸气，其实它很胆小，也没有毒性，平时主要以蜥蜴和昆虫为食。

　　从十七世纪毛里求斯成为荷兰的殖民地起，雷蛇的悲惨遭遇就拉开了帷幕。在基督教中蛇是引诱夏娃吃下禁果的恶魔化身，所以人们很讨厌雷蛇，只要一看见它就会把它打死。十八世纪毛里求斯转而被法国人统治，十九世纪则变成了英国的殖民地。但对雷蛇来说，情况并未得到改善。

　　被人类杀戮，再加之栖息的椰林遭到破坏，雷蛇不知不觉就在本岛上灭绝了。只有附近一个名叫圆岛（Round Island）的无人小岛上，还有一部分雷蛇幸存。但 1975 年之后，就再也没有关于它的目击报告了。

**MORE DETAILS** ·····································

雷蛇学名的意思是"挖洞的蛇"。它身体呈筒状，鼻子是尖的，背部是明亮的茶色，上面点缀着黑色斑点，腹部有黑色和粉色的花纹。

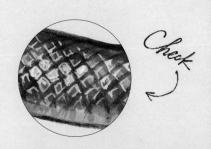

*Check*

# 比利牛斯山羊

英文名：Pyrenean Ibex　学名：*Capra pyrenaica pyrenaica*

分类：哺乳纲 鲸偶蹄目 牛科　灭绝时间：2000 年

分布：西班牙比利牛斯山脉　体长：1.2 ～ 1.4m

地图

# 首个成功克隆的灭绝动物

比利牛斯山羊是野生的山羊，它生活在法国与西班牙交界的比利牛斯山脉，是西班牙山羊四个亚种中的一个，它还有个别名叫"布卡多山羊"。

比利牛斯山羊是群居动物，它能凭借健壮的腿攀上陡峭的岩壁。人们认为它的角和身体能够治病，于是大肆捕杀它。到二十世纪初期，比利牛斯山羊就只剩下几十头。虽然国立公园对它们加以保护，但 2000 年，随着最后一头名叫塞莉娅的雌山羊死亡，这个物种宣告灭绝。

2003 年，研究人员将以前从塞莉娅身上提取的皮肤细胞移植到别的山羊身上，并成功克隆出一只山羊。于是比利牛斯山羊成为首个成功克隆的灭绝动物。但克隆出的个体因先天缺陷导致呼吸困难，只存活了不到 10 分钟。

西班牙山羊四个亚种中第一个灭绝的是波图格萨北山羊，比利牛斯山羊是第二个。其余两个亚种目前还存活着，而且数量有增加的趋势。

**MORE DETAILS** ·····························································

雄性比利牛斯山羊头上长着一对像月牙一样弯弯的大角，角上有环状的节，这些节的数量会随着年龄增多。据说，比利牛斯山羊的角曾被挂到墙上作装饰，也曾被做成能吹奏美妙音乐的笛子。

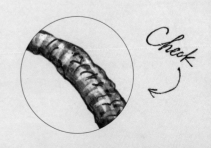

# 麋鹿

**英文名:** Pere David's Deer　**学名:** *Elaphurus davidianus*

**分类:** 哺乳纲 鲸偶蹄目 鹿科 野外灭绝

**分布:** 中国北部至中部　**体长:** 约 2.2m

地图

# 圈养在皇家猎苑中的"神兽"

脸像马、角像鹿、蹄子像牛、尾巴像驴，麋鹿跟这四种动物有相像之处，却不属于任何一种，所以又被称为"四不像"。它在中国是传说中的神兽，不过现实中的麋鹿其实是属于鹿科的。

麋鹿主要分布在中国北部到中部地区，它在野生状态下的生态目前尚不明确，但有人推测它栖息在沼泽附近。1865年，法国传教士大卫在清朝皇帝的猎苑中发现了麋鹿。他将这种稀有动物的标本带回法国后，欧洲的动物园马上掀起了一股麋鹿热潮。之后，麋鹿的命运便起了波澜。1900年，中国局势风雨飘摇，麋鹿基本都死于战乱，只有一头雌鹿幸免于难。1918年，欧洲和中国的麋鹿全部死亡。就在人们以为这个"神兽"会永远消失时，事情突然有了转机。原来，英国的贝福特公爵竟然悄悄地将一群麋鹿饲养在自己的庄园里。现在，分布在世界各地动物园中的麋鹿，全部是它们的子孙后代。

**MORE DETAILS** ················································

雄性麋鹿的角分叉方式非常复杂。根部分为前后两个叉，然后前面部分会继续左右分叉，接着每个小叉再继续分叉……世界上只有麋鹿拥有这种形状的角。

*Check*

# 附 录

## COLUMNS

也许明天就会灭绝的动物，

从地球上消失的生物留下的化石，

还有那些曾经繁荣一时的梦幻植物……

下面五个附录的内容，

请大家认真阅读。

---

# 濒危物种

ENDANGERED SPECIES

濒危物种是指在不久的将来有灭绝危险的动植物。

国际自然保护联盟（IUCN）发布的 2017 版红色名录中，

共列出了 25821 种濒危物种。

下面就给大家介绍一些有代表性的濒危物种。

[ 濒危物种的分类 ]

| 红色名录　RED LIST | | | |
|---|---|---|---|
| 灭绝物种 | **EW**<br>*Extinct in the Wild* | **野外灭绝** | 只生活在饲养条件下或远离过去的栖息地。 |
| 濒危物种 | **CR**<br>*Critically Endangered* | **极危**<br>[ 濒危 IA 类 ] | 在不久的将来，灭绝的危险性极高。 |
| | **EN**<br>*Endangered* | **濒危**<br>[ 濒危 IB 类 ] | 在不久的将来，野生种群灭绝的危险性很高。 |
| | **VU**<br>*Vulunerable* | **易危**<br>[ 濒危 II 类 ] | 灭绝的危险性在增加。 |
| 准濒危物种 | **NT**<br>*Near Threatened* | **近危**<br>[ 准濒危物种 ] | 目前灭绝的危险性比较小，但很可能转为濒危物种。 |

\*（参照 IUCN "红色名录"。）[ ] 内是日本环境省的叫法。

# 黑猩猩 Chimpanzee

**分类**：灵长目　人科
**学名**：*Pan troglodytes*
**体长**：70 ～ 90cm
**分布**：西非、中非

黑猩猩与人类拥有共同的祖先，它的 DNA 和人类只有 1% ～ 4% 的区别，经常被当成宠物，偷猎行为屡禁不止。目前数量在 20 万头左右。

EW ← CR ← EN ← VU ← NT

*Endangered*……濒危

# 蠵龟 Loggerhead Turtle

**分类**：龟鳖目　海龟科
**学名**：*Caretta caretta*
**体长**：（壳）80 ～ 100cm
**分布**：太平洋、大西洋、印度洋

目前在日本产卵的雌蠵龟大约有 1 万头。过去它曾被当成海神的使者，在很多神话故事中登场。因环境破坏和滥捕，蠵龟的数量一直在减少。

EW ← CR ← EN ← VU ← NT

*Vulnerabl*……易危

## 猞猁 Eurasian Lynx

**分类：**食肉目　猫科
**学名：***Lynx lynx*
**体长：**70 ～ 130cm
**分布：**欧洲、西伯利亚

别名山猫、欧亚猞猁。体形较大，尾巴长达 20cm。三角形的耳朵上长着黑色的簇毛。原本是很常见的动物，但因被驱逐和以皮毛为目的的滥捕，导致数量骤减。现在其中一个亚种西班牙猞猁已经被列为濒危动物。

| □ | □ | ☑ | □ | □ |
|---|---|---|---|---|
| **EW** ← | **CR** ← | **EN** ← | **VU** ← | **NT** |

*Endangered*……濒危

※ 只有某些亚种属于濒危动物

## 儒艮 Dugong

**分类：**海牛目　儒艮科
**学名：***Dugong dugon*
**体长：**约 3m
**分布：**印度洋、西太平洋、红海

儒艮是水生哺乳类，据说是人鱼的原型。因肉质鲜美，经常被人捉来食用。目前总数大概有 10 万头，在日本也能见到。

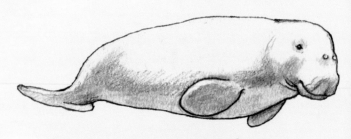

| □ | □ | □ | ☑ | □ |
|---|---|---|---|---|
| **EW** ← | **CR** ← | **EN** ← | **VU** ← | **NT** |

*Vulnerabb*……易危

# 鲸头鹳 Shoebill

**分类**：鹳形目　鲸头鹳科
**学名**：*Balaeniceps Rex*
**体长**：1 ～ 1.5m
**分布**：非洲东部至中部

被人称为"不动的怪鸟"。主要栖息在水边，但有关它的生态还有很多未解之谜。因环境破坏，总数骤减至 5000 ～ 8000 只。

| □ | □ | □ | ☑ | □ |
|:---:|:---:|:---:|:---:|:---:|
| **EW** ← | **CR** ← | **EN** ← | **VU** ← | **NT** |

*Vulnerabl*……易危

# 霍加狓 Okapi

**分类**：鲸偶蹄目　长颈鹿科
**学名**：*Okapia Johnstoni*
**体长**：约 2m
**分布**：刚果共和国

被誉为"三大珍兽之一"，腿上长着漂亮的条纹。别名"森林中的贵妇"。因皮毛成为偷猎的对象，目前总数为 1 万头左右。

| □ | □ | ☑ | □ | □ |
|:---:|:---:|:---:|:---:|:---:|
| **EW** ← | **CR** ← | **EN** ← | **VU** ← | **NT** |

*Endangered*……濒危

# 苏门答腊虎 Sumatran Tiger

**分类:** 食肉目　猫科
**学名:** *Panthera tigris sumatrae*
**体长:** 2.2 ～ 2.7m
**分布:** 印度尼西亚苏门答腊岛

EW ← CR ← EN ← VU ← NT
*Critically Endangered*……极危

栖息在苏门答腊岛热带雨林中的特有品种。是体形最小的老虎。雄性脸部周围的颊毛较长。苏门答腊虎需要很大的地盘，近些年因森林破坏导致数量骤减。以皮毛为目的的偷猎也屡禁不止。目前总数约为400 ～ 500 头。

# 太平洋蓝鳍金枪鱼
# Pacific bluefin tuna

**分类:** 鲈形目　鲭科
**学名:** *Thunnus orientails*
**体长:** 约3m
**分布:** 太平洋

用途广泛的食用鱼，常被做成刺身和寿司，日本的消费量位居世界第一。别名"本金枪鱼"，能用很快的速度洄游。因幼鱼滥捕导致数量骤减，2014年上升至"VU（易危）"的行列中。

EW ← CR ← EN ← VU ← NT
*Vulnerabb*……易危

## 中华鲎 Japanese Horseshoe Crab

**分类：**剑尾目　鲎科
**学名：**_Tachypleus tridentatus_
**体长：**50 ～ 60cm
**分布：**日本、中国、北美东部

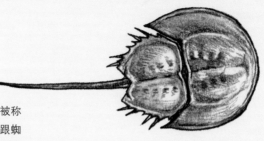

从 2 亿年前开始，形态几乎没有改变，因此被称为"活化石"。虽然别名叫"马蹄蟹"，但跟蜘蛛和蝎子亲缘关系更近。在日本的红色名录中属于濒危Ⅰ类，还被认定为天然纪念物。在美国同科生物的数量很多，IUCN 的认定是"DD（数据缺乏）"。

□　✓　✓　□　□
EW ← CR ← EN ← VU ← NT

_Critically Endangered / Endangered_……极危 / 濒危

【日本环境省】

## 印度犀 Indian rhinoceros

**分类：**奇蹄目　犀科
**学名：**_Rhinoceros unicornis_
**体长：**3 ～ 4m
**分布：**印度东北部、尼泊尔

犀牛角是很名贵的中药材，价格比黄金还高。在孟加拉国和不丹已经灭绝。目前总数为 2500 头左右。

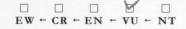

□　□　□　✓　□
EW ← CR ← EN ← VU ← NT

_Vulnerable_……易危

# 化石
### F O S S I L S

远古时代生物的尸体和痕迹，
在漫长的岁月中以化石的形式留在了地层里。
它们是地球留给人类的最珍贵的信息。

[刃齿虎的头盖骨化石]（p122）

下颌能张开 120°，犬齿长约 24cm。

[旋齿鲨的牙齿化石]（p30）

牙齿不会脱落，而是卷成螺旋状。

[猛犸象的牙齿化石]（p124）

在日本北海道的出土量最多。

[笠头螈的头部化石]（p34）

头骨会随着笠头螈的生长向两侧扩展。

**[南方古猿的头盖骨化石]**（p116）
早期人类的脑容量为 500ml。跟大猩猩差
不多。

**[披毛犀的角化石]**（p126）
披毛犀有两只角，前方的角非常巨大，最
长可达 1m。

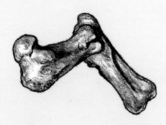

**[斯特拉大海牛的前腿化石]**（p44）
指骨已经完全退化了的前腿。

**[雕齿兽的壳化石]**（p128）
五边形的骨板紧密地排列在一起。

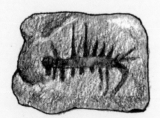

**[怪诞虫的整个身体化石]**（p20）
细长的脑袋（右侧）上长着眼睛和嘴。

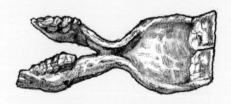

**[铲齿象的下颌化石]**（p114）
长长的下颌上并排长着两颗板状牙齿。

# 灭绝植物
## EXTINCT PLANTS

植物和动物一样，也拥有灭绝和进化的历史。
在已灭绝的植物中，
有异常高大的蕨类植物，还有古代的裸子植物。

← [库克逊蕨 / 光蕨]
志留纪中期至泥盆纪前期
上陆的最古老的植物。高
约数厘米。

[东方缴状裸蕨] ↘
泥盆纪前期较早从海中上
陆的植物之一。它是原始
的苔藓植物。

← [始花]
白垩纪时登场的被子植
物。能开出像木兰花一样
的白色花朵。它的学名是
"初始之花"的意思。

↑ [古蕨 / 古羊齿]
被称为地球上最古老的
树。它是高 30m 左右的
木本蕨类，主要生活在
泥盆纪。

[ 拟苏铁 ] ↗

生活在三叠纪至白垩纪的
裸子植物。高约 3m。球
形的树干非常有特点。

↑ [ 芦木 ]

石炭纪的木本蕨类，高
15m，能形成森林。是形
成煤炭的原始物料。

↑ [ 鳞木 ]

石炭纪代表性的木本蕨
类。最高可达 40m，直径
可达 2m。是形成煤炭的
原始物料。

↑ [ 高野星草 ]

主要生长在日本群马县多
多良沼泽的单子叶植物。
1909 年被发现，之后在
短短的五十年内就灭绝了

← [ 海百合 ]

【例外】不是植物，
其实是海星和海胆的
近亲。出现于寒武纪。
现在栖息在深海中。

[ 封印木 ] →

高 30m。与鳞木、
芦木一起生长并形
成大型森林的蕨类
植物。

167

# 与人类的体形比较

在时间的长河里，有很多动物出现又消失。

本书介绍的灭绝生物中，

有些是无法与现生种做比较的大型生物。

下面就以我们人类作标尺，来看看它们的体形有多大吧。

1. 人类 [身高约 1.5m]　　2. 砂犷兽 [全长约 2m]　　3. 古马陆 [全长 2～3m]

4. 象鸟 [头顶高约 3.4m]　　5. 杯鼻龙 [全长 3.6～3.8m]　　6. 猛犸象 [肩高 2.7～3.5m]

12m

9m

9

7

3m

8

10

7. 大地懒 [全长 6 ～ 8m]　　8. 房角石 [全长 10 ～ 11m]

9. 霸王龙 [全长 11 ～ 13m]　　10. 泰坦巨蟒 [全长 11 ～ 13m]

# 有关灭绝的六个关键词

## *1.* 【地质时代……Geological Age】

46 亿年前地球诞生并慢慢冷却，到大约 40 亿年前最早的生命在海洋中诞生。28 亿年前出现能进行光合作用的藻类，它们释放出大量的氧气，将氧气转化为能量的通道就这样被打开了。14 亿年前多细胞生物诞生。大约 5 亿 5000 万年前发生了"寒武纪生命大爆发"，物种数量有了爆发式的增长。之后生物开始慢慢多样化，进化和灭绝的历史正式拉开帷幕。

从地球诞生至今，除去留有历史记录的几千年（有史时代），其余的时期都被称为"地质时代"。

地质时代是靠分析地层中最主要的动物化石来划分的。

它大致可以分为"古生代""中生代""新生代"等"代"。下面又可以划分为"寒武纪""白垩纪"等"纪"。接下来还能分为"古新世""全新世"等"世"。

现在我们正处于新生代第四纪全新世。

## *2.* 【大陆漂移……Continental Drift】

大陆是漂浮在地幔上且一直在慢慢移动的。在漫长的岁月里，陆地时而连接，时而分离，这对生物的生存和分布有很大的影响。在大约 2 亿 5000 万年前古生代结束时，陆地全部连接在一起，组成了一个名叫"盘古大陆"的超级大陆。当时地幔因为支撑不住这块大陆而急速上升，内陆部分也开始沙漠化。

到了大约 1 亿 5000 万年前的中生代中期，盘古大陆沿赤道分成了北半球的劳亚大陆（劳伦西亚大陆）和南半球的冈瓦纳大陆。后来，北美从劳亚大陆中分离出去，接着劳亚大陆与印度板块冲撞并形成了喜马拉雅山脉。冈瓦纳大陆则分成了非洲、南美和南极大陆。然后，非洲又与欧亚大陆连接到了一起。

大约 300 多万年前，南北美洲纵向贴近并经由巴拿马海峡连接在了一起。

## 3. 【大灭绝……Mass Extinction】

生物的进化历程并不是一条直线，而是由大部分生物灭亡的大灭绝和其后发生的爆发式进化交替进行的。地质时代是根据化石的变化来划分的，所以每个代或纪结束时都会有一场大灭绝，只是规模大小不同。其中生物世代交替最显著的五次大灭绝被称为"五大灭绝"或"Big Five"。

1. 奥陶纪末大灭绝：约 4 亿 4370 万年前。包括三叶虫和房角石在内的 85% 的生物种灭绝。有关灭绝原因，近些年比较流行的说法是，当时近距离发生了超新星爆发，地球受到大量伽马射线的照射（伽马射线暴）。

2. 泥盆纪末大灭绝：约 3 亿 5920 万年前。甲胄鱼等 82% 的生物种灭绝。原因可能是气候寒冷化和海水含氧量下降。

3. 二叠纪末大灭绝：约 2 亿 5100 万年前。地球史上最大规模的大灭绝。包括哺乳类的祖先单孔类在内的 90% ～ 95% 的生物种灭绝。关于灭绝原因最有力的说法是，盘古大陆的形成导致地幔产生了上升流（超级地幔柱 Super plume）。

4. 三叠纪末大灭绝：约 1 亿 9960 万年前。菊石和大型爬行类等 76% 的生物种灭绝。原因是盘古大陆分裂引起的大规模火山喷发，或是巨大陨石的撞击。

5. 白垩纪末大灭绝：约 6550 万年前。以恐龙为代表的 70% 的生物种灭绝。关于原因最有力的说法是，小行星撞击引起的大规模火山喷发和气温下降。

## 4. 【生态系统……Ecosystem】

在某个地域生活的生物群体（动物、植物、微生物），会和周围的土地、水等环境一起组成一个有食物链和物质循环的系统，这个系统就被称为生态系统。也就是说，生物并不是单独存在的，它们之间有着密切的联系。生物多样性是维持生态系统平衡最重要的因素。从生态系统的角度考虑问题，能够提高我们保护野生生物的自觉性。

## 5. 【生物分类······Biological Classification 】

生物分类是指根据生物在形态结构和生理功能上的不同对它们进行区分。分类等级从动物界、植物界等的"界"开始，到"门""纲""目""科""属"，再到最终的分类单位"种"。以人类为例，就是动物界、脊索动物门、哺乳纲、灵长目、人科、人属、人；巨脉蜻蜓则是动物界、节肢动物门、昆虫纲、原蜻蜓目、巨脉科、巨脉属、巨脉蜻蜓。同一个物种如果因栖息地不同而产生形态或生理机能上的变化，我们就称之为"亚种"。

## 6. 【进化树······Phylogenetic Tree 】

地球上的所有生物都是从大约 40 亿年前诞生的一种原生生物演变而来的。从这个共通的祖先进化成现在多样的生物群，将整个过程用有分支的树状图来展示，就是所谓的进化树。

近些年，借由基因研究的发展，以前的进化树面临大幅度的更正。比如哺乳类的鲸目和偶蹄目，它们原本是完全不同的分支，但分析基因后得知它们的染色体组非常相近，所以现在一般将鲸目和偶蹄目统称为鲸偶蹄目。

以前人们普遍认为哺乳类是从爬行类进化而来的，但现在比较有力的说法是哺乳类的祖先单孔类和爬行类的祖先是同时从两栖类进化而来的。还有鸟类和恐龙的关系，有人认为鸟类是幸存下来的恐龙，两者应该被归到同一个分类群里。

目前生物学界有很多不知该如何解决的难题，比如内共生学说（线粒体和叶绿素等是细菌在真核细胞内共生后进化出来的）和细菌引起的基因转移等。所以，现在要画进化树是一件非常难的事。

右图是表示脊椎动物大致进化过程的进化树。

# 脊椎动物的进化树

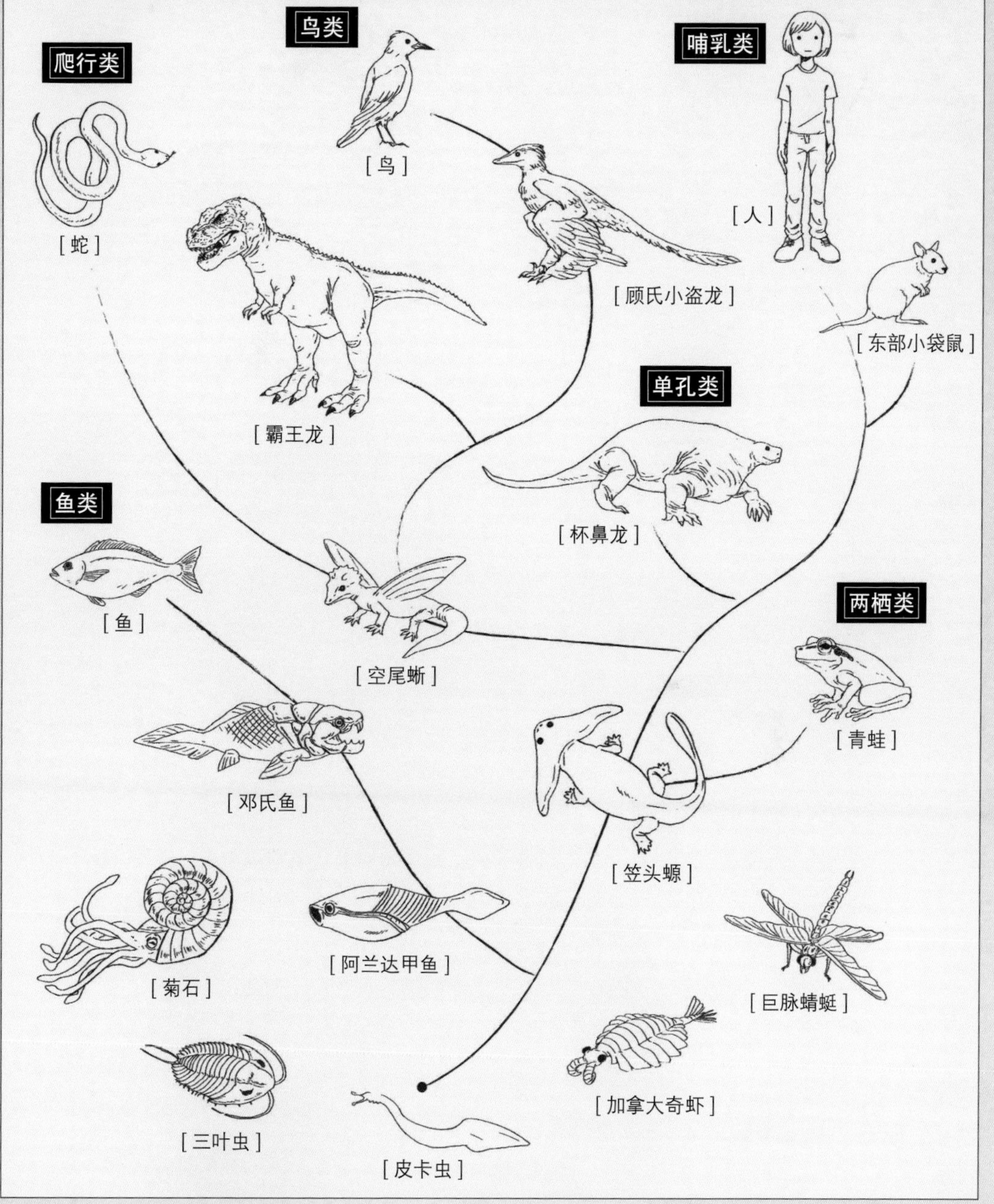

[鸟类] — [鸟]

[爬行类] — [蛇]

[哺乳类] — [人]

[顾氏小盗龙]

[霸王龙]

[东部小袋鼠]

[单孔类]

[杯鼻龙]

[鱼类] — [鱼]

[空尾蜥]

[两栖类] — [青蛙]

[邓氏鱼]

[笠头螈]

[菊石]

[阿兰达甲鱼]

[巨脉蜻蜓]

[三叶虫]

[加拿大奇虾]

[皮卡虫]

# 后记

## [ 第六次大灭绝的时代 ]

我们生活的现代是新生代第四纪全新世。大约 1 万年前冰河期结束，人类文明的发展终于步入正轨。然而在这个欣欣向荣的时代，我们却目睹了很多野生动植物的灭亡。

目前很多学者都认为现在是继"五大灭绝"后的"地球史上第六次大灭绝"，也就是"全新世大灭绝"。这次灭绝的原因既不是陨石撞击，也不是地幔上升，而是我们人类的存在。

从某种意义上讲，进化和灭绝是表里两面的关系。过去的大灭绝促使幸存的生物群产生爆发式的进化。有时，某些老物种也会因为竞争不过适应环境的新物种而灭绝。

但是，人类引发的大灭绝无法促进生物进化，只是不停地减少物种的数量而已，而且现在的灭绝速度与过去相比快的不是一星半点。

在南美独立进化的巨大哺乳类、生活在澳大利亚的大型有袋类，都因为人类的到来而消失了踪影。位于大海中央的小岛，本来是不会飞的鸟的乐园，却在转眼间分崩离析。如果只是为了果腹而猎杀动物，还在正常的食物链范畴内，也不是罪无可赦的事，但现在人类的活动彻底污染、剥夺了动物的栖息地，甚至可能引起全球规模的气候变化。

如果有一天野生动植物都灭绝，只剩下家畜、宠物和栽培植物，地球将变得多么无趣啊。希望大家读了这些灭绝动物的故事后，能对生物的历史和发展多一些思考。

森乃乙

# 索引 INDEX

# 参考书目

---

《灭绝野生动物事典》
〔日〕今泉忠明 著（日本东京堂出版）

《灭绝动物调查文件》
〔日〕今泉忠明 监修/里中游步 著（日本实业之日本社）

《地球灭绝动物记》
〔日〕今泉忠明 著（日本竹书房）

《从地球上消失的动物》
〔美〕罗伯特·西尔弗伯格 著/佐藤高子 译
（日本早川文库）

《灭绝哺乳类图鉴》
〔日〕富田幸光 著（日本丸善）

《灭绝的奇妙动物》
〔日〕川崎悟司 著（日本BOOKMAN社）

《了不起的古代生物》
〔日〕川崎悟司 著（日本KINOBOOKS）

《古代生物图卷》
〔日〕岩见哲夫 著（日本BEST新书）

《理科基础中的基础 有关进化的知识365日》
〔日〕土屋健 著（日本技术评论社）

《远古生物》
日本古生物学会 监修（日本小学馆图鉴NEO）

## 作者介绍

**赵烨**

2016年毕业于武藏野美术大学。因逼真的人体绘画而广受关注。曾与三星、资生堂等品牌合作，还在日本、德国等地举办个展。以艺术指导的身份参与服装和CD封面设计，也创作插画、视频和立体艺术作品等。著有《SUPER FLASH GIRLS 超闪光女孩》（日本雷鸟社）、《Strange Funny Love》（日本祥传社）等书。

**〔日〕森乃乙**

出生于广岛县福山市。以动植物、自然等为中心进行研究。著有《七十二候的悠闲岁时记手帖》《草木辞典》（日本雷鸟社）等书。

**日本原版图书工作人员（均为日籍）**

装帧：三崎了
编辑：森田久美子
协助编辑：M·O先生和日本古生物研究会人员

| 微信公众号 | 抖音 | 小红书 |
| --- | --- | --- |
| 书中缘 | 书中缘图书旗舰店 | 书中缘旗舰店 |

北京书中缘图书有限公司出品
销售热线：（010）64438419
商务合作：（010）64413519-817